高等院校产教融合创新应用系列

JavaScript 迭代渐进式前端开发实践

梁晓晖　著

清华大学出版社

北　京

内 容 简 介

JavaScript 是一种轻量级、解释型编程语言，也是深受广大编程者喜爱的、能够实现跨领域开发的"多面能手"。本书以前端开发为应用领域，精选《成绩转换系统》《验证码及其应用》《网站换肤》《用户注册与数据提交》《打地鼠游戏》五个实战主题，通过多版迭代，生动有趣地介绍了 JavaScript 语言和软件开发的核心知识，包括 JavaScript 编程基础、数组、函数、对象、DOM、正则表达式与数据交互、BOM 及第三方工具、ES6 等。通过本书的学习，读者不仅能在知识层面有所收获，而且可以潜移默化地提高软件开发能力和个人综合素养。

本书可以作为高职高专、应用型本科、培训机构 JavaScript 语言课程的教材，也可作为 Web 前端开发人员的参考书，以及 JavaScript 语言爱好者的自学用书。

图书在版编目 (CIP) 数据

JavaScript 迭代渐进式前端开发实践 / 梁晓晖著 .

北京 : 清华大学出版社 , 2025. 7. -- (高等院校产教融合创新应用系列). -- ISBN 978-7-302-69796-1

Ⅰ . TP312.8

中国国家版本馆 CIP 数据核字第 2025SD8830 号

责任编辑：王　定
封面设计：周晓亮
版式设计：思创景点
责任校对：成凤进
责任印制：宋　林

出版发行：清华大学出版社

网　　　　址：https://www.tup.com.cn，https://www.wqxuetang.com
地　　　　址：北京清华大学学研大厦A座　　　　邮　　编：100084
社 总 机：010-83470000　　　　邮　　购：010-62786544
投稿与读者服务：010-62776969，c-service@tup.tsinghua.edu.cn
质 量 反 馈：010-62772015，zhiliang@tup.tsinghua.edu.cn

印 装 者：三河市铭诚印务有限公司
经　　销：全国新华书店
开　　本：185mm×260mm　　　印　　张：14.25　　　字　　数：320千字
版　　次：2025年8月第1版　　　印　　次：2025年8月第1次印刷
定　　价：59.80元

产品编号：112401-01

前　言 PREFACE

　　JavaScript 是一种轻量级、免费、开源且跨平台的脚本语言，功能强大而灵活。作为现代 Web 开发的基石语言，JavaScript 已经连续多年位居"全球使用最广泛的编程语言"前列。它不仅驱动着前端领域 90% 以上的动态网页交互，支撑着 React、Vue 等主流框架的生态繁荣，而且成功跻身于服务端开发、桌面开发、嵌入式开发等多个领域，堪称"一次学习，多端应用"的典范。JavaScript 的亮眼表现，使得许多高校纷纷为计算机类专业开设 JavaScript 程序设计相关课程，并将其列为核心专业课程，尤其是软件开发类专业。

　　本书以前端应用领域为研究对象，主要介绍使用 JavaScript 语言进行 Web 前端开发的相关知识，同时融入一些软件开发的相关常识、基本思想、思维技巧，以及程序员职业道德、工匠精神等，本书的宗旨是：不仅要教会读者 JavaScript 语言，更要教会读者如何编程，以及如何成为一名优秀的程序员。

　　我本科和研究生均就读于计算机应用专业，热爱教育，喜欢编程，是一名不折不扣的双师型教师。二十多年的从教经历和多家大、中、小型企业项目研发经历，使我十分了解软件行业的人才需求，也十分了解学生的学情和一般计算机语言学习者的"痛点"。在历经十余载的 JavaScript 相关课程教学沉淀后，我决定重构 JavaScript 知识体系，编写这部教材，精选经典案例与实战高频内容，汇集成册，以期能够符合读者学习和认知规律，贴近实战。

本书特点

1. 素养引领，项目育人

　　软件行业作为赋能各行各业的"数字生产力"，其增长势头强劲。工业和信息化部发布的数据显示，2024 年，我国软件业务收入 137 276 亿元，同比增长 10.0%，软件业利润总额 16 953 亿元，同比增长 8.7%，这一数据凸显了软件行业对国民经济发展的关键推动作用，不仅助力技术进步，还为就业和投资提供了新的机会。优质软件犹如清泉，润泽社会；而劣质软件乃至病毒、木马，则如同毒瘤，贻害无穷。党的二十大报告强调："育人的根本在于立德。"一名优秀的软件从业者需要拥有炽热的爱国情怀、高尚的道德情操、正确的价值取向和精益求精的工匠精神，并坚守遵纪守法的行为准则。本书将这些素养元素巧妙地融于项目之中，引导读者树立正确的人生观，争当优秀的 IT 人。

2. 重构知识，打破困境

本书通过重构 JavaScript 知识体系，巧妙地将各个知识点融入实战场景，打破学生"似懂非懂，学而不会"的困境。学习知识旨在应用，所以，为了解决实际问题而组织知识，而不是为了编写者方便而堆砌知识，这才是编程类书籍的编写奥义所在！

那么在知识点安排上，如何既科学合理又兼顾读者的学习和认知规律呢？在翻阅了大量书籍之后，我终于找到了答案。清华大学出版社经典计算机语言书籍《汇编语言》(王爽著)的知识屏蔽与线索化创作理念，点亮了我的思路，使我豁然开朗，茅塞顿开。

零散的知识点难以记忆并付诸实践，因此，本书以项目为载体，通过一条条清晰的需求线索，将知识点紧密串联，使读者既能掌握知识，又能学会应用，一举两得；每个知识点学习和理解难度有所不同，有些知识点放在前面很难理解透彻，放在后面就水到渠成，易于理解。因此，我根据知识点自身的特性对其进行组织和安排。在具体的知识介绍和例题分析中，按照"知识屏蔽"的原则，所有用于解决问题的知识，必须是已经讲解过的知识，尽量避免使用后面还没介绍的知识，以减轻读者的学习困扰。一步一步，循序渐进。五大实战主题的先后顺序安排，也是按照难度层层递进，而非平级罗列，充分考虑读者的学习特点和认知规律。

3. 实战导向，迭代渐进

所谓实战导向，是指教材中的主题实战气息浓厚。既然学习就是为了应用，那就干脆把企业项目中的真实内容直接拿来或适当裁剪后当作知识载体，尽量缩小和填补课堂与职场之间的差距。

事实上，本书就是这样做的，小到知识学习环节中的例题，大到五大实战主题，再到课后编程实践题。模拟"百度搜索"效果的例题，源自我研发语料库系统时检索数据的真实案例；"图片能放大能缩小"是我为企业研发项目时客户的真实需求；而删除数据前确认弹窗、注册账户合法性验证、动态地址配置、验证码等案例，更是实战味道满格，稍加修改甚至不用修改就可以拿到企业级项目中使用。课后习题中的电子相册、秒表 DIY、倒计时、音乐播放器等，不仅能够激发读者的创造潜能，提高读者的实战能力，而且在生活中也能直接使用，"学以致用"的理念得到了充分体现。

对于初学者而言，在学习语言的同时掌握企业级项目模块的开发，这似乎是个遥不可及的梦想。为了破解这个难题，本书创造性地将难度分解，使用"迭代渐进"的编写模式：每个大的实战主题都分为三版迭代，每迭代一版，会增加若干个维度的知识点和难度级别，对应的代码功能也越来越强大。从简约原型版到基本完善版，再到终极应用版，就像是沿"之"字形路爬山一样，每一步不是特别累，却能轻松登顶！看似遥不可及的目标，被努力与智慧化解！读者能否达到预期的效果呢？我们拭目以待！

4. 掌握语言，学会编程

本书的编写目标不仅是让读者掌握使用 JavaScript 语言编写前端项目的基本知识和常用技巧，更是让读者学会如何编写程序。因此，读者将在本书中发现例题分析、编程引导，以及软件开发相关的常识、程序员职业素养、经典编程思想和实战经验小贴士等丰富内容，这些内容均为读者掌握通用编程技能提供有力支持。

了解"软件工程"的读者会发现，本书每一个实战场景的内容安排都有一根隐藏的主线，那就是软件开发生命周期："任务描述"对应"需求分析"；"执行效果图"对应"概要设计"；"技术分析"对应"详细设计"；"编程实现"对应"编码实现"；"多版迭代"对应"测试阶段"和"维护阶段"。这种"润物细无声"的方式，可以让读者在潜移默化中得到专业的技术熏陶。

5. 一书多用，适配灵活

为了兼具编程作品集的实用性和传统教材的系统性，本书配备一主一辅双重目录，前者以场景的实现环节为索引对象，后者则以具体的知识点为呈现目标。高校学生可以将本书用作教材，前端开发人员可以将本书用作参考书，JavaScript 语言爱好者可以将本书用作自学书籍。

本书作为教材使用时，可根据实际情况灵活安排教学内容：课时够用或学情良好时，可进行完整学习；课时紧张或学情欠佳时，可采用选择性组合学习，如每个实战主题 V1.0实现 +V2.0、V3.0 知识点学习。这种方式灵活适配多种学情，进可攻，退可守，对柔性分层教学和因材施教非常友好。

配套资源与答疑服务

为了方便读者学习和教师教学，本书提供教学大纲、教学课件、电子教案、教学进度表、课后习题参考答案、模拟试卷、程序源代码等配套教学资源，可扫描下列二维码或书中二维码获取。如果读者在本书阅读过程中发现问题或者存有疑问，可发邮件到我的邮箱：71304690@qq.com。

教学大纲　　　教学课件　　　电子教案　　　教学进度表　　　课后习题　　　模拟试卷
　　　　　　　　　　　　　　　　　　　　　　　　　　　　参考答案

鸣谢

在本书编写过程中，北京楷斯科技有限公司技术总监马翔和清华大学出版社编辑王定对本书样张给予了中肯的建议，河北软件职业技术学院张莹、胡金扣、闫绍惠、杨宁侠、崔秀艳等老师参与了本书电子资源制作、辅助资源建设及后续课程服务。我的家人与朋友们同样对本书的编写给予了极大的支持与理解，他们慷慨地腾出自己的宝贵时间去分担我的其他工作，让我得以心无旁骛地雕琢和完善本书内容，在此，对大家一并表示最诚挚的感谢！

本书小彩蛋

为什么让一只地鼠出现在压轴项目而非企业级项目需求呢？

因为几乎全书都是企业项目啊。"打地鼠游戏"是"麻雀虽小，五脏俱全"，完全能够承载足够多的知识点来进行综合实践，更重要的是，打地鼠游戏可以增加编程乐趣，读者还可以 DIY 声音、背景等效果呢。唯有热爱，可抵山海。愿本书的每一位读者，都因为阅读本书而喜欢上编程，喜欢上用代码去美化世界的感觉。

让我们以代码为利剑，一路披荆斩棘，勇往直前，最终抵达理想的彼岸！

本书如有疏漏之处，欢迎大家批评指正！若对本书有更好的建议，也欢迎大家不吝赐教！

梁晓晖

2025 年 4 月 28 日凌晨于保定

目 录 CONTENTS

实战主题 ❷　　验证码及其应用 ·· 048

实战主题 ❸　　网站换肤 ·············· 079

JavaScript 知识点索引

JavaScript 综合与拓展

实战主题 ①

成绩转换系统

计算机最基本的功能之一是对原始数据进行加工，进而得到对用户有用的信息。作为诸多加工形式之一的数据转换，几乎是所有应用程序不可或缺的组成部分。

本主题以将成绩从百分制转换为等级制为应用场景，通过三个版本的 JavaScript 代码迭代实现，带领读者使用 JavaScript 语言编写代码，实现数据输入、加工、输出的全部过程。

千里之行，始于足下。基础牢固，未来的学习之路才能更加顺畅。

通过本主题的学习，读者将从开发环境、调试技能、软件开发常识、基本 JavaScript 语法、软件素养等几个方面有所收获，并为后续知识的学习打下坚实的基础。

▌知识目标

➤ 了解 JavaScript 的基本常识。

➤ 掌握 JavaScript 标准与组成。

➤ 掌握 JavaScript 在浏览器上的执行过程。

➤ 掌握将 JavaScript 引入网页中的常用方法。

➤ 掌握 JavaScript 的基本语法和输入输出方法。

➤ 掌握 VSCode 编程 IDE 的使用方法及技巧。

▌能力目标

➤ 能够熟练使用 VSCode IDE 编写 JavaScript 代码。

➤ 能够熟练使用 JavaScript 输入方法实现数据输入。

➤ 能够使用基本的程序控制语句实现数据加工。

➤ 能够熟练利用浏览器控制台调试 JavaScript 代码。

➤ 能够使用 JavaScript 输出方法实现数据输出。

➤ 能够遵循行业主流命名规范科学合理地为变量命名。

➤ 能够遵循特定编程风格编写和组织代码。

▌素养目标

➤ 培养基本的软件设计思想。

➤ 提升软件设计的用户体验维度。

➤ 了解软件健壮性并提升思维缜密性。

➤ 培养和践行精益求精的工匠精神。

➤ 培养良好的编码习惯和编码风格。

➤ 培养思考与分析能力。

▌思维导图

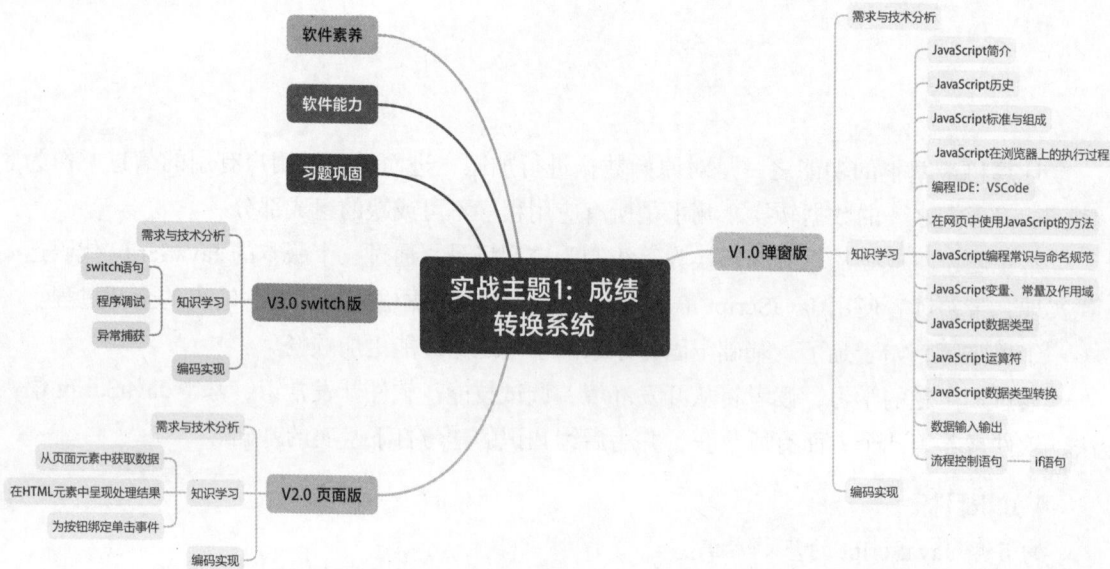

1.1　《成绩转换系统 V1.0》需求与技术分析

成绩转换系统体现了一个典型的数据处理流程，包括数据输入、数据加工和数据输出三大环节。在 V1.0 版本的实现过程中，读者将从零开始接触 JavaScript 语言，慢慢熟悉 JavaScript 的特点，逐步开启 JavaScript 编程的学习之旅。

1.1.1　《成绩转换系统 V1.0》任务描述

本任务将实现弹窗版成绩转换系统，属于基础版本，目的是让读者体验使用 JavaScript 语言编写、运行和调试程序的基本流程，掌握 JavaScript 弹窗的几种应用方式及基本的流程控制语句。

具体需求如下：

(1) 用户输入 0~100 的百分制成绩。

(2) 点击"确定"按钮，显示转换后的等级制成绩。

(3) 要求弹窗实现。

1.1.2　《成绩转换系统 V1.0》任务效果

《成绩转换系统 V1.0》任务效果如图 1-1 所示。

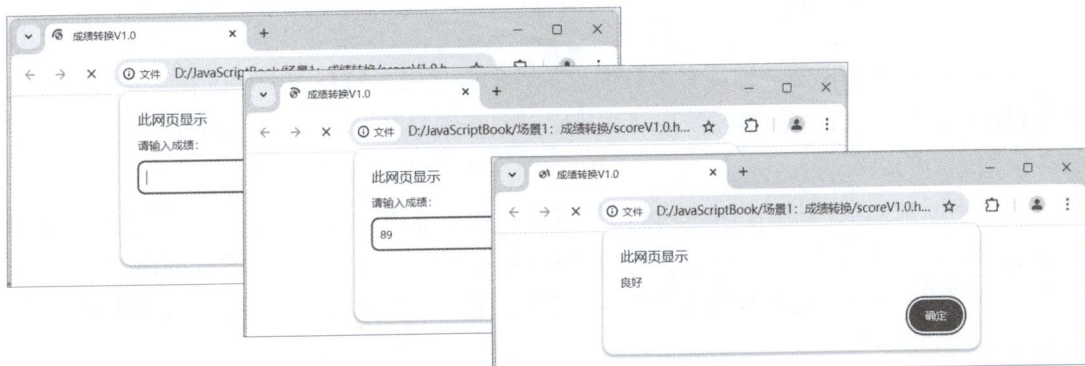

图 1-1　《成绩转换系统 V1.0》任务效果

1.1.3　《成绩转换系统 V1.0》技术分析

《成绩转换系统 V1.0》需求简单，就是经典的输入数据、加工数据、输出数据三个基本步骤，使用风格为醒目弹窗式，因而实现逻辑相对容易。成绩转换系统作为 JavaScript 编程初体验的第一个实战主题，涵盖知识的难度不大，但是涉及内容较广，属于偏基础部分。因此，这是培养良好的编程习惯、编码风格，以及进行编程思想启蒙的最佳时机。

下面以一问一答的形式来解决技术层面的问题。

(1) 如何使用 JavaScript 语言编写网页代码？

对应知识：JavaScript 语言编程常识。

(2) 如何使用 VSCode IDE ？

对应知识：VSCode IDE 使用方法及常用技巧。

(3) 如何使用输入弹窗让用户将数据录入系统并通过警告弹窗将加工结果呈现出来？

对应知识：JavaScript 输入输出。

(4) 如何将获取到的用户数据妥善保管？

对应知识：JavaScript 变量及作用域。

(5) 如何将用户数据转换成逻辑上可用的数据？

对应知识：JavaScript 数据类型及数据类型转换。

(6) 如何根据用户数据进行百分制到等级制的加工转换？

对应知识：JavaScript 运算符及流程控制语句。

1.2 《成绩转换系统 V1.0》知识学习

通过上述介绍，相信读者对于要完成的任务已经有了大致的了解。下面对实现该任务所需的知识进行介绍，以便尽快展开程序编写工作。

1.2.1 JavaScript 简介

JavaScript(简称JS)是一种具有函数优先特性的轻量级、解释型编程语言。它最初作为开发Web页面的脚本语言而闻名，是网页开发三剑客(HTML、CSS、JavaScript)中唯一真正具备编程能力的语言。

随着不断地发展演进，JavaScript 已经被用到很多非浏览器环境中。现在的 JavaScript 不仅能够进行 Web 全栈开发，还能进行桌面开发和嵌入式开发，可谓"软硬通吃"，是编程领域一个几乎无所不能的重量级存在。精通一门语言，便可以在整个软件领域大展身手，这并非遥不可及的神话。

本书将以 JavaScript 在 Web 前端开发领域的应用为载体，向大家介绍 JavaScript 基本语法和核心编程技术。

1.2.2 JavaScript 历史

JavaScript 是由网景通信公司 (Netscape Communications Corporation，简称网景) 的布兰登·艾奇于 1995 年在 Netscape 浏览器上首次设计实现的，它最初的设计目标是改善网页的用户体验。

提起 JavaScript，很多人都会联想到两种与其名称相似的语言，并怀有如下疑问：

(1) JavaScript 与 Java 是什么关系？

(2) JavaScript 与 JScript 是什么关系？

从语言本身来讲，它们各自有各自的语法和研发团队，背后的设计理念和设计思想也不尽相同，是三种完全不同的独立语言。但是，从语言背后的公司及其营销策略上来讲，它们之间的关系就非常微妙了。任何技术都是人创造的，既然与人相关，自然离不开人文因素。

JavaScript 最初名为 LiveScript，后来网景与 Sun 合作，将其更名为 JavaScript。众所周知，Sun 公司最著名的产品是 Java。JavaScript 与 Java 名称上的相似，是当时网景出于营销考虑与 Sun 达成协议的结果。微软同时期推出 JScript 来迎战 JavaScript。

1.2.3 JavaScript 标准与组成

JavaScript 标准是 ECMAScript，ECMAScript 的演进过程如下。

1996 年 11 月，网景正式向 ECMA(欧洲计算机制造商协会) 提交语言标准。

1997 年 6 月，ECMA 以 JavaScript 语言为基础制定了 ECMAScript 标准规范 ECMA-262。JavaScript 成为 ECMAScript 最著名的实现之一。

1999 年 12 月，ECMAScript 3 发布。

2009 年 12 月，ECMAScript 5 发布。

2015 年 6 月，ECMAScript 2015 发布，该版本也被称为 ECMAScript 6 或 ES6。

2016 年，ECMAScript 7 发布。

随着时间的推移，ECMAScript 继续演进。

本书以 ES5 为主，稍微涉及一些 ES6。只要打好了 ES5 基础，掌握 ES6 等后续版本就十分容易，很多 ES6 的新增内容不过是 ES5 中相关内容的语法糖而已。如果说 ES5 是"走"，那么 ES6 就是"跑"，不会走就想跑，注定要摔跤。学习是一个循序渐进的过程，如果知识顺序安排得当，基本功扎实，学习效果自然理想。反之，欲速则不达。

完整的 JavaScript 实现由三个部分组成，如图 1-2 所示。

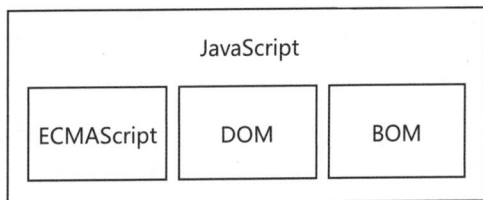

图 1-2　JavaScript 组成

其中，

(1) ECMAScript 是 JavaScript 的标准，也是核心。

(2) DOM(文档对象模型) 是一套操作页面元素的 API，可以把 HTML 看作文档树，通过 DOM 提供的 API 对树上的节点进行操作。

(3) BOM(浏览器对象模型) 是一套操作浏览器功能的 API，通过 BOM 可以操作浏览器窗口，例如：弹窗、控制浏览器跳转、获取分辨率等。

1.2.4 JavaScript 在浏览器上的执行过程

浏览器内核分为两部分：渲染引擎和 JS 引擎。

(1) 渲染引擎用来解析 HTML 和 CSS，如 Chrome 的 Blink 内核。

(2) JS 引擎也叫 JS 解释器，用来读取和解析网页中的 JavaScript 代码，如 Chrome 的 V8 引擎。

JS 引擎是逐行解释 JavaScript 代码的。也就是说，读取一行源码，将其转换为计算机可识别的二进制编码，交由计算机执行。随后读取下一行源码，重复以上过程。

JS 引擎的执行过程与渲染引擎紧密相关，因为 JavaScript 可以修改页面元素和结构，从而影响页面的渲染结果。因此，在编写代码时，要特别留意 JavaScript 代码的书写位置。例如：document 对象的 getElementById() 方法，可以实现根据 id 值获取页面元素，但是如果这行代码放在页面元素尚未渲染之前执行，就无法得到想要的结果，而是得到一个空值 null。

1.2.5 编程 IDE：VSCode

Visual Studio Code(简称 VSCode) 是一款由微软开发的、轻量级的、免费的、跨平台的代码编辑器。它支持多种编程语言和文件格式，包括但不限于 JavaScript、TypeScript、Python、Java、PHP、Go 等，并且拥有丰富的扩展生态系统，允许用户根据需要添加额外支持，例如安装各种插件。

VSCode 内置了对 JavaScript 和 TypeScript 的支持，并提供了针对其他语言和运行时的丰富扩展生态系统，使得开发者能够轻松地编写、调试和部署代码。此外，VSCode 还具有强大的搜索、Git 管理、调试模块、错误警告等功能，能够显著提升开发效率和代码质量。凭借卓越的性能和广泛的功能集，VSCode 迅速获得了广大开发者的青睐，成为全球最受欢迎的代码编辑器之一。

支持编写 JavaScript 程序的 IDE 还有很多，如 HBuilder、WebStorm 等，它们各有千秋，读者可以根据自己喜好进行选择。本书代码全部采用 VSCode 编写。

VSCode 的常规使用界面如图 1-3 所示。单击侧菜单中从上往下数第 1 个图标，可以展开和折叠资源区；单击侧菜单中从上往下数第 4 个图标，可以安装各种插件。

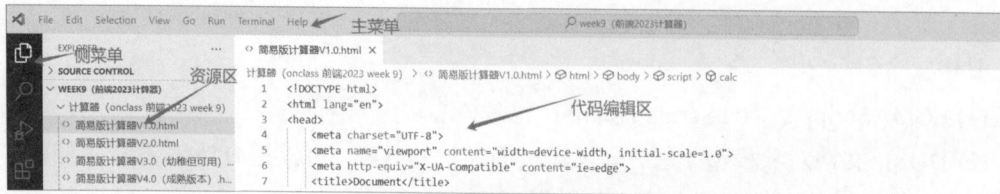

图 1-3　VSCode 使用界面

使用 VSCode 有很多技巧，例如：输入 li:small*9 可以自动生成 9 对 class 值为 small 的 li 标签；输入 btn 并按 Enter 键可以自动生成一对 button 标签等。在编写 JavaScript 代码的过程中，有意识地使用这些技巧，可以大幅提高代码编写速度。

1.2.6　在网页中使用 JavaScript 的方法

在网页中使用 JavaScript 有三种方式。

1. 采用内部 JavaScript 方式

直接通过一对 script 标签，将 JavaScript 代码嵌入页面中，我们称这种方式为内部 JavaScript 方式，语法示例如下：

```
<script>
    JavaScript 代码 ...
</script>
```

2. 采用外部 JavaScript 方式

首先创建一个单独的 JavaScript 文件，然后在网页中通过 script 标签的 src 属性指定该文件，即可将文件中的 JavaScript 代码引入网页，我们称这种方式为外部 JavaScript 方式，语法示例如下：

```
<script src="JavaScript 文件的路径 "></script>
```

> **实战小贴士**
>
> 在一个真正意义上的网站中，往往存在多种类型的文件，为了合理且清晰地安放这些资源，通常根据功能将网站资源存放到不同的文件夹中。例如，js 文件夹专门存放 JavaScript 脚本文件，Images 文件夹专门存放图片文件，CSS 文件夹专门存放样式文件。

3. 采用行内 JavaScript 方式

HTML 文档可以在标签的属性中，使用 JavaScript 脚本作为其属性值，此类属性通常为事件属性，这种方式被称为行内 JavaScript 方式，语法示例如下：

```
<button onclick="alert('Hello, world!')"> 点我 </button>
```

注意，因为属性值使用的是双引号，所以 alert() 函数中的字符串参数采用单引号表示。当单击"点我"按钮时，将看到一个显示"Hello, world!"的 alert 弹窗。在这个示例中，onclick 属性的值直接为 JavaScript 代码。但是，通常情况下，事件处理代码不止一行，所以可以将其封装到函数中，然后再将 onclick 属性的值设置为该函数。

假设按钮的单击事件处理代码被封装到 clickMe() 函数中，可以通过下面的方式对其进行调用：

```
<button onclick="clickMe()"> 点我 </button>
```

1.2.7　JavaScript 编程常识与命名规范

1. 代码缩进

代码缩进是指在编写代码时，在每一行代码前空出一定的空白区域，用来表示代码之间的包含和层次关系。这种空白区域可以通过 Tab 键或空格键来实现。良好的代码缩进可以增强代码的可读性，进而帮助我们更好地理解代码。

2. 代码注释

注释是对代码添加解释和说明。为变量、语句、程序片段、函数等添加注释，能够提高代码的可读性和可维护性。一个拥有良好注释的程序，即使更换了开发者，甚至若干年后，依然可以被很快读懂，反之，如果一个程序没有注释，则可能像天书一样晦涩难懂，最后只能落得被抛弃的下场。注意：注释只是为了提高程序的可读性而存在，并不会被计算机编译，因此不需要担心添加注释会影响程序的执行效率。

在 JavaScript 中，注释有两种：单行注释和多行注释。其中，单行注释用 // 表示，多行注释用 /* */ 表示。

在 VSCode 中添加注释有以下两个技巧：

(1) 按住鼠标左键，选择打算注释或取消注释的代码，然后按下 ctrl+ "/" 键，即可为其添加或取消注释。

(2) 在为函数添加注释时，建议添加标准化注释，由于不同函数的功能和参数各不相同，建议所有的函数注释中都要包括函数的功能和参数含义描述。在 VSCode 中，为函数添加标准化注释的方法是输入 /**，再按 Enter 键，这种方法会自动生成标准化注释框架，非常方便。

3. 代码命名规范

良好的命名规范可以提高代码的可读性和可维护性，以下是一些常见的命名规范。

(1) 小驼峰命名法 (lower camel case)：第一个单词以小写字母开始，后续单词的首字母大写，例如 myVariable。

(2) 大驼峰命名法 (pascal case)：每个单词的首字母都大写，例如 MyVariable。

(3) 下画线命名法：下画线命名法是指将多个单词组合在一起时，单词之间用下画线连接，例如 my_variable_name。

在 JavaScript 中，推荐使用小驼峰命名法。

4. JavaScript 语法基本特点

JavaScript 语句的基本特点主要包含如下几个方面。

(1) JavaScript 程序的执行单位为行 (line)，也就是一行一行地执行。一般情况下，每一行就是一个语句。语句 (statement) 是为了完成某种任务而进行的操作，多条语句最终构成了程序源代码。

(2) 语句一般以分号结尾，一个分号就表示一个语句的结束。多个语句可以写在一行内。但是为了清晰起见，并不提倡这么做。

(3) 分号前可以没有任何内容，JavaScript 引擎将其视为空语句。

(4) 表达式不需要分号结尾。一旦在表达式后面添加分号，则 JavaScript 引擎会将表达式视为语句，这样会产生一些无意义的语句。

(5) JavaScript 区分大小写，即 JavaScript 语句和变量都对大小写敏感。

1.2.8　JavaScript 变量、常量及作用域

变量、常量及作用域是 JavaScript 语言的基础内容。

1. 变量的概念

JavaScript 变量是用于存储数据的容器。可以给变量起一个简短名称，如 x，或者更有描述性的名称，如 userName。为了增加程序的可读性，建议选择后者，因为可以见名知意。通过使用变量名，我们可以获取或者修改变量中的数据。

JavaScript 变量可以保存值(如 x=5)，也可以保存表达式(如 z=x+y)。

注意，变量名建议采用英文单词或汉语拼音全拼进行命名，优先推荐前者。最好不要使用汉语拼音缩写命名，例如：xsxm，一般人很难猜出来这个变量用于存放"学生姓名"。

2. 变量声明及赋值

在 JavaScript 中，创建变量通常称为"声明"变量。在 ES5 中，使用 var 关键字来声明变量。

(1) 单纯声明一个变量，语法示例如下：

```
var userName;// 声明一个空的变量（它没有值，实际上是 undefined)
```

(2) 向变量赋值，语法示例如下：

```
userName=" 张三 "; // 等号是赋值符号
```

(3) 声明一个变量并为其赋值，语法示例如下：

```
var userName=" 张三 ";
```

(4) 在一条语句中声明、赋值多个变量。以 var 开头，使用逗号分隔变量，语法示例如下：

```
var lastname="Jack", age=23, job="carpenter";
```

3. 变量命名规范

在 JavaScript 中，对变量进行命名，需要遵循以下规则。

(1) 变量由字母 (a~z，A~Z)、数字、美元符号 ($) 和下画线 (_) 组成。

(2) 第一个字母必须是字母、下画线 (_) 或美元符号 ($)。

(3) 变量名称对大小写敏感 (y 和 Y 是不同的变量)。

(4) 变量名不能包含空格。

(5) 变量名不能与系统关键字、保留字重名。

(6) 变量名最好见名知意。

(7) 变量最好遵循某种特定的编程规范。

上述规则中，前面五条是语法层面的硬性要求，后面两条是编程风格层面的软性要求。

实战小贴士

一名优秀的程序员不仅要注重代码质量，还要注重代码风格。良好的编程风格能让代码具有更高的可读性，编程风格良好的程序员也更容易被团队成员接受和喜爱。

下面我们通过简单的例子，使用 JavaScript 变量来解决一个实际问题。

【例 1-1】使用变量模拟交换杯中饮料。

本例的本质为交换两个变量的值。交换两个杯子中的饮料，需要借助第三个杯子作为中转。同样地，交换两个变量的值，需要引入第三个变量作为中转变量。具体实现代码如图 1-4 所示。补充说明：console.log() 可以在控制台上输出其参数内容。

```html
1  <!DOCTYPE html>
2  <html lang="en">
3  <head>
4      <meta charset="UTF-8">
5      <meta http-equiv="X-UA-Compatible" content="IE=edge">
6      <meta name="viewport" content="width=device-width, initial-scale=1.0">
7      <title>交换果汁</title>
8  </head>
9  <body>
10     <script>
11         var yellowCup="Orange Juice";
12         var pinkCup="dragonfruit Juice";
13         //交换两个杯子中的饮料
14         var whiteCup=yellowCup;
15         yellowCup=pinkCup;
16         pinkCup=whiteCup;
17         console.log(yellowCup);
18         console.log(pinkCup);
19     </script>
20 </body>
21 </html>
```

例 1-1

图 1-4　交换杯中饮料的代码

其中：

第 11 行代码表示用黄杯子盛放橘子汁；

第 12 行代码表示用粉杯子盛放火龙果汁；

第 14 行代码用一个中间存储杯子（白杯子）来临时存放黄杯子中的橘子汁；

第 15 行代码让黄杯子存放粉杯子中的火龙果汁；

第 16 行代码，让粉杯子存放临时存放在白杯子中的橘子汁；

第 17、18 行代码，将黄杯子、粉杯子的值输出到控制台，以验证结果是否正确。

将代码保存后，在谷歌浏览器中查看，笔记本电脑按 Fn+F12 组合键，台式机直接按 F12 键，切换到控制台，可以看到输出结果如图 1-5 所示，在每条输出数据的右侧，显示了导致该结果出现的代码所处行数。

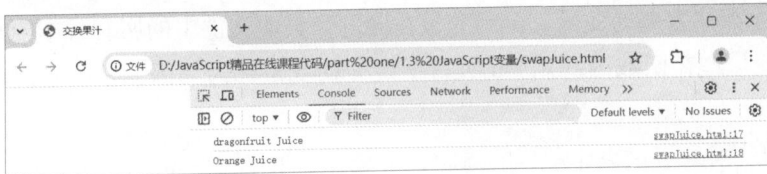

图 1-5　交换杯中饮料的执行效果

4. 作用域及数据类型

通常来说，一段代码中用到的名字（如变量名）并不总是有效和可用的，而限定这个名字的可用性的代码范围就是这个名字的作用域。作用域机制可以有效减少命名冲突情况的发生。

通过前面的学习，我们可知变量需要先声明后使用，但这并不意味着声明变量后就可以在任意位置对其进行使用。如果在函数内部声明一个变量，在函数外部对其进行访问，就会出现变量未定义的错误。

【例1-2】变量作用域使用"反面教材"。

本例展示了一个错误使用作用域的案例，读者应在实践中引以为戒。具体代码如图 1-6 所示，执行效果如图 1-7 所示。

```html
1  <!DOCTYPE html>
2  <html lang="en">
3  <head>
4      <meta charset="UTF-8">
5      <meta name="viewport" content="width=device-width, initial-scale=1.0">
6      <title>Document</title>
7  </head>
8  <body>
9      <script>
10         function stuInfo(){
11             var score=85;
12             console.log("该生成绩为"+score+"分");
13         }
14         stuInfo();
15         console.log(score);
16     </script>
17 </body>
18 </html>
```

例 1-2

图 1-6　错误使用作用域的代码

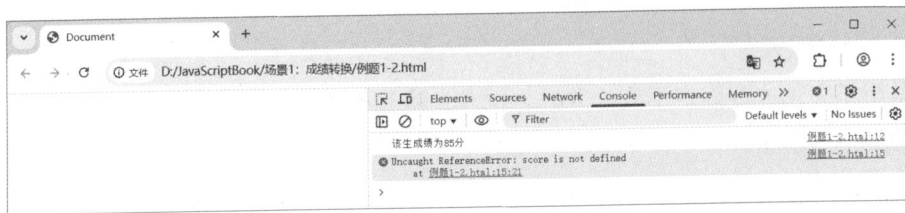

图 1-7　错误使用作用域的执行效果

从例 1-2 可以看出，变量需要在它的作用范围内才可以被正确使用。

在 ES5 及其之前版本的 JavaScript 实现中，根据作用域范围的不同，作用域被划分为全局作用域和函数作用域。根据声明所处的作用域，JavaScript 将变量分为以下两种。

(1) 全局变量：不在任何函数内声明的变量（显式定义）或在函数内省略 var 声明的变

量（隐式定义）都称为全局变量，全局变量在同一个页面文件中的所有脚本内都可以使用。

(2) 局部变量：在函数内利用 var 关键字定义的变量称为局部变量，它仅在该函数体内有效。

在 ES6 中，引入了块级作用域的概念，于是有了第 3 种变量：块级变量。

(3) 块级变量：使用 let 关键字声明的变量称为块级变量，仅在定义它的语句块（以"{}"为标识）内有效。

对于初学者而言，重点是理解全局变量和局部变量的区别，块级变量和 let 关键字属于 ES6 新增内容。本主题以 ES5 为主要学习内容，目的是让读者掌握原生 JavaScript 语言的基本语法，以及编程领域的一些基本概念和编程技巧，而非语法糖或框架等，所以简单了解即可，读者如感兴趣，可参考本书附录或自行查阅相关资料，这里不再赘述。

5. 作用域提升

在 JavaScript 中，存在作用域提升机制。JavaScript 引擎在对 JavaScript 代码进行解释执行之前，会对 JavaScript 代码进行预解析，在预解析阶段，会将以关键字 var 和 function 开头的语句块提前进行处理，它们的声明会被提升到其对应作用域的最顶端。这就是作用域提升机制。

例如：图 1-8 所示代码与图 1-9 所示代码的实际运行过程一模一样。

```
1  <script>
2      console.log(a);//undefined
3      var a=10;
4  </script>
```

图 1-8　作用域提升的示例

```
1  <script>
2      var a;
3      console.log(a);//undefined
4      a=10;
5  </script>
```

图 1-9　作用域提升后的代码

注意：var 声明的变量具有作用域提升效果，let 声明的变量没有作用域提升效果。

6. 常量的概念

常量用于表示一些固定不变的数据，也有人将其称为字面量。在 JavaScript 中，主要有以下五种类型的常量。

- 整型常量，例如 1。
- 实型常量，例如 3.14。
- 字符串常量，例如"Hello"。
- 布尔常量，例如 true。
- 自定义常量（它是 ES6 中引入的内容），例如 const PI=3.14。

【例1-3】编写 JavaScript 代码实现求圆的面积。

本例为常量的典型应用案例，圆周率可以被定义为一个常量。具体代码如图 1-10 所示。

```
1  <script>
2      // 因为圆的半径可以变化，所以将其定义为变量。
3      var r=10;
4      //因为圆周率是永远不变的，我们将其定义为常量。
5      const PI = 3.14; //不可以修改值
6      //修改常量会报错
7      // PI = 4.66; //报错invalid assignment to const 'PI'
8      console.log("半径为",r,"的圆的面积为: ",PI*r*r); //半径为 10 的圆的面积为: 314
9  </script>
```

图 1-10　求圆的面积

在使用常量时，需要注意以下几点。

(1) 如果尝试修改自定义常量的值，程序会报错，因为常量一旦定义就不能改变值了。

(2) 通常情况下，为了便于区分常量和变量，建议常量用大写字母命名。如果包含多个单词，则使用下画线 _ 进行分割。

(3) 自定义常量不存在作用域提升。

1.2.9　JavaScript 数据类型

如果 JavaScript 是读者学习的第一门编程语言，建议充分调动理解记忆功能；如果读者之前学习过其他的编程语言，建议采用对比学习法和类比学习法以提高学习效率。

1. 数据类型的概念

在计算机中，不同数据占用的存储空间是不同的，因此，引入数据类型的概念是十分必要的。

(1) 从计算机的角度来看：

① 内存大小的确定方便系统分配空间。

② 内存位置的确定方便系统进行定向。

③ 内存需求的确定可以充分利用内存空间。

(2) 从人类的角度来看：

① 为程序员提供了一个方便访问内存的接口。

② 为程序员理解变量的含义提供方便。

③ 为程序员表达现实生活中的场景提供量身定制的帮助。

④ 对程序员来讲，操作一个任意形式的变量，很不好掌握，非常容易出错。引入数据类型的概念可以限制人类操作，从而降低操作难度和出错率。

数据类型是固定内存块大小的别名，也可以通俗地理解为数据的类别型号。例如，商品名称"苹果"，价格 10 元，这些属于不同的数据类型。前者擅长展示信息内容，后者擅长表达数值大小。前文介绍了变量拥有变量名和变量值两个元素。数据类型的引入，让变量拥有了第三个元素，该元素决定了如何将变量的值存储到计算机的内存中。

JavaScript 是一种弱类型语言，这意味着不用提前声明变量的类型，在程序运行过程中，类型会被自动确定，例如：

```
var studentAge=20;                          // 数字类型
var studentName=" 张三 ";                    // 字符串类型
```

JavaScript 拥有动态类型，同时也意味着相同的变量，可以用作不同的数据类型，例如：

```
var msg=8;                                  // 数字类型
var msg=" 中国有五千年的文明和历史 ";          // 字符串类型
```

实战小贴士

> JavaScript 虽然允许变量类型灵活多变，但还是建议编程者在使用变量时，先声明再使用，并且一个变量对应一种数据类型。尽管 JavaScript 提供了灵活性，但使用 JavaScript 的人有权选择遵守一般的规则，严谨行事。

2. 数据类型种类

根据在内存中存储机制的不同，JavaScript 的数据类型分为基本数据类型 (值类型) 和引用类型，每种类型又细分为若干种不同的具体数据类型。

(1) 基本数据类型 (值类型)。包括字符串类型 (string)、数字类型 (number)、布尔类型 (boolean)、空类型 (null)、未定义 (undefined)、Symbol(ES6 新加)。

(2) 引用数据类型。包括对象和函数，其中，对象类型又分为对象 (Object)、字符串对象 (String)、数组对象 (Array)、正则对象 (RegExp)、日期对象 (Date)、数学对象 (Math) 等。

3. 基本数据类型和引用数据类型的存储机制

JavaScript 基本数据类型和引用数据类型存在着很大的不同，主要体现在如下几个方面。

(1) 存储位置不同。基本数据类型的数据存储在栈内存 (stack，又称堆栈) 中，引用数据类型的数据存储在堆内存 (heap) 中。

(2) 存储内容不同。数据存储时，基本数据类型在变量中存储的是值，引用数据类型在变量中存储的是空间地址。

(3) 进行数据操作时有所不同。基本数据类型操作的是值，引用数据类型操作的是空间地址。

【例1-4】值类型的存储机制应用举例。示例代码如图 1-11 所示。

例 1-4

```
1  <script>
2      var a=1;
3      var b=a;
4      b=2;
5      console.log(a,b);//1 2
6  </script>
```

图 1-11　值类型存储机制示例代码

当第 2 行代码被执行后，在堆栈中申请一块空间，将数值 1 存入其中。

当第 3 行代码被执行后，在堆栈中申请一块空间，将 a 中的数据复制一份，存入其中，执行过程如图 1-12 中左侧堆栈所示。

当第 4 行代码被执行后，将数值 2 存入 b 所代表的堆栈空间，该空间中的原值被新值替换。执行过程如图 1-12 中右侧堆栈所示。

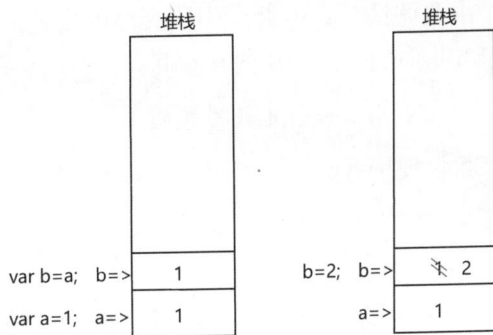

图 1-12　值类型存储机制执行过程

由此可见，值类型的数据在赋值时，只是把源变量 (a) 中的值复制了一份给目标变量 (b)，两个变量各自独立，互不干扰。当执行类似 var b=a; 的值类型赋值操作时，本质上是重新创建了一个内存空间来存储数据。修改两个独立空间中的一个数据，另外一个自然不受影响。

【例 1-5】引用类型的存储机制应用举例。示例代码如图 1-13 所示。

```
1  <script>
2    var a=new Object();
3    a.name="张三";
4    var b=a;
5    b.name="李四";
6    console.log(a.name);//"李四"
7    console.log(b.name);//"李四"
8  </script>
```

例 1-5

图 1-13　引用类型存储机制示例代码

第 2 行代码定义了一个对象类型的变量 a，该变量的数据类型属于引用类型。

第 3 行代码为变量 a 添加了 name 属性，并将该属性赋值为"张三"。

第 4 行代码定义了一个变量 b，并将其赋值为 a，注意，这里赋值的是 a 的引用，也就是说，b 中存储的和 a 中存储的都不是数据本身，而是数据的引用，即内存地址。第 2~4 行代码的执行内存图如图 1-14 所示。

可以看到，a 和 b 指向的是同一块内存空间。

第 5 行代码对 b 的 name 属性进行了重新赋值，执行内存图如图 1-15 所示。

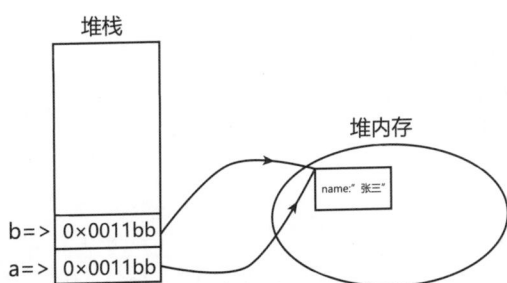

图 1-14　第 2~4 行代码执行内存图

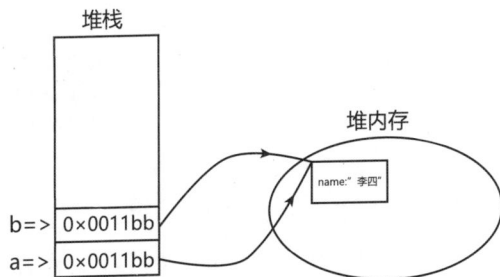

图 1-15　第 5 行代码执行内存图

第 6 行代码在控制台上显示 a 的 name 属性，发现其值已经随着 b 的 name 属性的修改，变成了李四。

由此可见，a、b 两个引用类型的变量是相互影响、相互关联的。因为本质上变量 a 和变量 b 指向的是同一块内存空间。

4. 查看 JavaScript 数据类型

可以使用 typeof 操作符来查看 JavaScript 变量或常量的数据类型，例如：

```
typeof "John";          //"string"
typeof 123;             //"number"
typeof true;            //"boolean"
typeof undefined;       //"undefined"
typeof null;            //"object"
```

5. 数字类型 (number)

当变量需要存储与数字相关的数据时，通常将其定义为数字类型。例如，游戏结束后向用户反馈本次游戏得分，这个分值可以定义为数字类型。

JavaScript 只有一种数字类型：number 类型。该类型既可以用来保存整数值，也可以用来保存小数 (浮点数) 值。例如：

```
var num1=34;            // 整数
var num2=34.00;         // 浮点数
```

极大或极小的数字可以通过科学 (指数) 记数法来书写，例如：

```
var num3=1.23e5;        //123000
var num4=1.23e-5;       //0.0000123
```

通过 typeof 运算符对上述四个变量进行类型查看，我们可以发现，返回结果均为 number 类型。

下面介绍一下在 JavaScript 中如何表示不同进制的数字。

计算机中常见的进制有二进制、八进制、十进制、十六进制，其中，我们人类使用最多的是十进制。JavaScript 通过在数字前添加前导字符来区分不同进制的数据，具体规则如下。

(1) 二进制数据：数字前加 0b 或 0B 来标识。

(2) 八进制数据：数字前加 0 来标识。

(3) 十六进制数据：数字前加 0x 或 0X 来标识。

示例如下：

```
var num1=0b1010;        // 二进制表示的十进制数 10
var num2=016;           // 八进制表示的十进制数 14
var num3=0xA;           // 十六进制表示的十进制数 10
```

注意：

- 二进制数字序列范围：0~1。
- 八进制数字序列范围：0~7。
- 十六进制数字序列范围：0~9、A~F。

JavaScript 数值类型中，还存在着几个特殊的量值，具体如下。

- Number.MAX_VALUE 表示最大值，大小为 1.7976931348623157e+308。

- Number. MIN_VALUE 表示最小值，大小为 5e-324。
- Infinity 表示无穷大。
- -Infinity 表示无穷小。
- NaN 表示非数字 (Not a Number)。

示例如下：

```
console.log(Number.MAX_VALUE*2);          //Infinity
console.log(-Number.MIN_VALUE*2);         //-1e-323
console.log("abc"-123);                   //NaN
```

可以通过 isNaN() 函数来判断某个变量是不是数字。当参数不是数字时，该函数返回值为 true；当参数是数字时，该函数返回值为 false。这在要求变量必须为数字类型的需求中非常好用。例如：

```
console.log(isNaN("abc"));                //true
console.log(isNaN(12));                   //false
```

6. 字符串类型 (string)

计算机最主要的功能之一，就是为人类提供有价值的信息，而这些信息通常是以人类可识别的字符串的形式呈现的。所以，字符串类型是一类使用率非常高的数据类型。JavaScript 中不仅提供了字符串类型，而且为这种数据类型提供了非常丰富的内置函数。

string 类型用于表示由零或多个 16 位 Unicode 字符组成的字符序列，即字符串。在 JavaScript 中，字符串可以用双引号或单引号表示。例如：

```
var stuName=" 张三 ";
var stuName=' 张三 ';
```

上述代码的功能是一样的，即声明一个字符串类型的变量并为其赋值。ECMAScript 中的这两种语法形式没有什么区别。用双引号表示的字符串和用单引号表示的字符串完全相同。但是，以双引号开头的字符串必须以双引号结尾，以单引号开头的字符串也必须以单引号结尾，即单引号和双引号不能交叉使用。

string 类型有一个名为 length 的属性，用于指定字符串中的字符数，也就是获取一个字符串的长度。例如：

```
var stuName=" 东方红 ";
console.log(stuName.length);              //3
var nickName="Jack";
console.log(nickName.length);             //4
```

在 JavaScript 中，还存在着一类特殊的字符：转义字符。

转义字符是字符的一种间接表示方式。在特殊语境中，无法直接使用字符自身。例如，在字符串内容中包含双引号或单引号时，由于双引号或单引号是字符串的特殊标识，不能直接写出，必须借助转义字符。

假如要显示的内容是：他大声说："去过这么多国家，我最爱的还是我的祖国！"，可以使用转义字符 \" 来表示双引号，代码如下：

```
var info=" 他大声说：\" 去过这么多国家，我最爱的还是我的祖国！ \"";
```

或者利用单引号来标识字符串，那么双引号就可以像普通字符一样直接写出了，实现同样效果的代码如下：

```
var info=' 他大声说：" 去过这么多国家，我最爱的还是我的祖国！ "';
```

在 JavaScript 中，反斜杠加上字符可以表示字符自身。注意，一些字符加上反斜杠后会表示特殊字符，而不是原字符本身，这些特殊转义字符被称为转义序列，具体内容如表 1-1 所示。

表 1-1　转义字符序列

序列	代表字符
\0	Null 字符 (\u0000)
\b	退格符 (\u0008)
\t	水平制表符 (\u0009)
\n	换行符 (\u000A)
\v	垂直制表符 (\u000B)
\f	换页符 (\u000C)
\r	回车符 (\u000D)
\"	双引号 (\u0022)
\'	撇号或单引号 (u0027)
\\	反斜杠 (\u005C)

注意：如果在一个正常字符前添加反斜杠，JavaScript 会忽略该反斜杠。例如：

```
document.write(" 他兴奋地说 :\" 我终于 \ 看 \ 到天安门啦！ \"");
```

等同于下面的代码：

```
document.write(" 他兴奋地说 :\" 我终于看到天安门啦！ \"");
```

JavaScript 还为字符串类型提供了丰富的内置函数，借助这些函数，我们可以方便地完成字符串操作。例如，可以使用 concat() 函数将两个字符串拼接在一起。需要注意的是，调用 concat() 函数不会改变调用者字符串，返回的字符串是新创建的字符串。示例代码如下：

```
var str1="hello";
var str2="world";
var str3=str1.concat(str2);      //helloworld
```

使用 + 也可以完成字符串拼接的效果，上述代码也可以采用下面的方式实现：

```
var str1="hello";
var str2="world";
var str3=str1+str2;              //helloworld
```

关于更多的字符串内置函数，可以查阅本书《实战主题 2　验证码及其应用》或菜鸟教程等互联网资源。由于内置函数开箱即用，无须关注底层实现逻辑，只要按照函数要求填充参数即可得到所需结果，使用起来非常简单，这里不再赘述。

7. 布尔类型

布尔类型是基本类型的一种，该类型只有两个值：true 和 false，其中，true 表示真 (即对)，false 表示假 (即错)。布尔类型的值也可以进行运算，但是最终有效的运算结果依然是 true 和 false 二者之一。

例如，下述代码定义了一个值为 false 的布尔值：

```
var isValid=false;
```

布尔类型的值是逻辑值，通常用于程序执行条件判断。在编写程序时，经常需要根据具体情况采取不同处理方案，此类需求就是布尔类型的用武之地。例如，在非此即彼的 if 语句中，经常采用如下逻辑去编写代码：

```
if (判定条件){
   方案1代码
} else{
   方案2 代码
}
```

其中的判定条件就是布尔值，它可以是一个布尔变量，也可以是若干个布尔变量组成的布尔表达式。

布尔类型的值通常进行的有效运算是布尔运算，也就是逻辑运算，具体如何计算在 "1.2.10 JavaScript 运算符" 一节中会有专门介绍。布尔类型的值也可以进行其他运算，如加法运算。当布尔值参与加法运算时，true 被当成 1 来使用，false 被当成 0 来使用，示例如下：

```
console.log(true+5);    //6
console.log(false+5);   //5
```

8. 空值 null

null 是一种基本类型，表示有意不包含任何对象值。如果看到 null(分配给变量或由函数返回)，那么在那个位置原本应该是一个对象，但由于某种原因，该对象没有创建。null 通常用作一个对象类型变量的初始值。

如果将变量想象成一个盒子，那么：如果这个盒子里存放了东西，比如苹果，则该变量拥有一个具体值；如果这个盒子里什么也没有，则该变量的值为 null。

示例代码如下：

```
var user=null;
console.log(user);       //null
```

9. 未定义 undefined

如果一个变量声明了，但是未赋值，那么该变量就是 undefined(未定义) 类型。

例如，对于下述代码，第一行代码只是声明了变量 user，并没有为其赋值，所以，第二行代码的输出结果为 undefined。

```
var user;
console.log(user);                          //undefined
```

那么，undefined 类型值可以进行运算吗？答案是肯定的，只是与将布尔值进行逻辑运算之外的其他运算如出一辙，非常少见。

示例代码如下：

```
var he;
console.log(he);
console.log(he+"is a student。");           //undefined is a student.
console.log(he+10);                         //NaN
```

10. 对象类型

在 ES5 中，流传着"一切皆对象"的说法，可见对象在 JavaScript 语言中的地位非常重要。这里主要对 JavaScript 对象的基础知识进行介绍，更深层次的知识会在《实战主题 5 打地鼠游戏》，即本书最后一章中进行介绍。

JavaScript 对象是拥有属性和方法的数据。从本质上来讲，对象就是一组"键值对"(key-value) 的集合，属于一种无序的复合数据结构。

在 JavaScript 对象中，键名与键值之间采用半角冒号分隔，多个键值对之间用半角逗号分隔，最后一组键值对后面无须加逗号。

根据键值的不同，将对象的成员分为两种：属性和方法。

- 属性用于封装对象的数据，表示与对象有关的值。
- 方法用于封装对象的行为，表示对象可以执行的动作或可以完成的功能。

【例 1-6】定义一个学生对象，使其拥有 2 个属性和 1 个方法。示例代码如图 1-16 所示。

```
1 var student={
2     studentName:"张三",
3     studentAge:20,
4     showInfo:function(){
5         console.log("我是学生");
6     }
7 }
```

图 1-16　对象示例代码

图 1-16 所示的代码中，花括号定义了一个对象，该对象被赋值给变量 student，即 student 指向一个对象。

对象内部包含 3 个成员：2 个属性和 1 个方法。

第一个键值对为属性，属性名为 studentName，属性值为"张三"。

第二个键值对也为属性，属性名为 studentAge，属性值为 20。

第三个键值对为方法，方法名为 showInfo，方法的值（也就是定义）为冒号后面的内容。

可以通过以下两种方法使用对象成员。

方法 1：点表示法。

可以通过"对象名 . 成员名"来访问对象的成员。

【例 1-7】通过点运算符使用对象成员。代码如图 1-17 所示。

```
1  var student = {
2      studentName: "张三",
3      studentAge: 20,
4      showInfo: function () {
5          console.log("我是学生");
6      }
7  }
8  console.log(student.studentName);//输出：张三
9  console.log(student.studentAge);//输出：20
10 student.showInfo();//输出：我是学生
```

图 1-17　通过点运算符使用对象成员

方法 2：方括号表示法。

对象的成员也可通过对象 [" 键名 "] 来进行调用，注意方括号里面的键名必须加引号。

【例 1-8】通过键名使用对象成员。代码如图 1-18 所示。

```
1  var student = {
2      studentName: "张三",
3      studentAge: 20,
4      showInfo: function () {
5          console.log("我是学生");
6      }
7  }
8  console.log(student["studentName"]);//输出：张三
9  console.log(student["studentAge"]);//输出：20
10 student["showInfo"]();//输出：我是学生
```

图 1-18　通过键名使用对象成员

对象主要分为三类：

(1) 内置对象 / 原生对象。指 JavaScript 语言本身预定义的对象，在 ECMAScript 标准中定义，由所有的浏览器厂家来提供具体实现，由于标准统一，这些对象的浏览器兼容性问题相对较小。

(2) 宿主对象。指 JavaScript 运行环境（即浏览器）提供的对象，由浏览器厂家自行定义并实现，早期存在较大的兼容性问题，目前其中一些主要的对象已经被大部分浏览器兼容，具体分为 BOM 对象和 DOM 对象两大类。

(3) 自定义对象。指由用户创建的对象，兼容性问题需要编程者注意。

在使用对象类型数据时，需要注意如下内容：

● 对象可以嵌套对象。即对象的成员的值又是一个对象。例如：班级对象里面嵌套着班主任对象。

【例 1-9】嵌套对象。代码如图 1-19 所示。

```
1   var myClass={
2       className:"网站规划与开发设计2022-02班",
3       classTutor:{
4           tuTorName:"张三",
5           tuTorTel:"15923456789"
6       }
7   }
8   console.log(myClass.className);//"网站规划与开发设计2022-02班"
9   console.log(myClass.classTutor.tuTorName);//"张三"
10  myClass.className="人工智能2022-02班";
11  console.log(myClass.className);//"人工智能2022-02班"
```

例 1-9

图 1-19 嵌套对象

- 对象的属性具有唯一性。对象属性如果被多次赋值，那么后面的属性值将覆盖该属性的原值。例如，例 1-9 中第 10 行代码对 className 属性进行了重新赋值，因此，第 11 行的执行结果为最新的赋值内容：人工智能 2022-02 班。

实战小贴士

每一种数据类型都有其最擅长的本领和最适合的工作场景，所谓术业有专攻，在软件开发过程中，为变量定义数据类型时，建议选择合适的数据类型，而非随性而为。

1.2.10 JavaScript 运算符

通常所说的代码，是指一条表达式语句。而运算符则是构成表达式的基本元素。

1. 算术运算符

算术运算符是指主要用于数学计算的运算符。JavaScript 中包含的算术运算符如表 1-2 所示。

表 1-2 算术运算符

运算符	描述	x	y	举例
+	加法运算符	5	2	x+y // 执行加法操作，结果为 7
-	减法运算符	5	2	x-y // 执行减法操作，结果为 3
*	乘法运算符	5	2	x*y // 执行乘法操作，结果为 10
/	除法运算符	5	2	x/y // 执行除法操作，结果为 2.5
%	取模（余数）	5	2	x%y // 执行取模操作，结果为 1

++	自加	5		y=x++; //x 以原值参与运算，执行加 1 操作。结果为 x=6，y=5
				y=++x; //x 先加 1 之后，再参与运算，结果为 x=6，y=6

--	自减	5		y=x--; //x 以原值参与运算，执行减 1 操作。结果为 x=4，y=5
				y=--x; //x 先减 1 之后，再参与运算，结果为 x=4，y=4

表 1-2 中，加、减、乘、除、取模与数学课上所学的概念相同，故不再赘述。这里重点介绍自加和自减操作。

当自加或自减符号放到操作数的前面时，操作数本身先进行自加或自减操作，然后再以操作后的值来参与运算。

当自加或自减符号放到操作数的后面时，操作数先以本身的原值参与运算，然后再进行自加或自减操作。

另外，还需注意：当进行加法运算的操作数为字符串类型数据时，+ 当作字符串串联符号来使用。

2. 赋值运算符

在 JavaScript 中，运算符"="用于赋值操作。它是使用率最高的运算符之一。例如，在开发打地鼠游戏的过程中，每次游戏期间，都需要记录用户打中地鼠的次数。在游戏刚开始时，需要将游戏数据复位，这些都需要用到赋值操作。

赋值运算符举例如下：

```
count=0;           // 变量初始化
count=count+1;     // 变量被重新赋值
```

注意：赋值运算符不是比较大小中的等于运算符，后者是比较运算符，有专门的符号，后续会有相关介绍。

在 JavaScript 中，还可以利用赋值运算符来简写算术表达式。例如：

```
x+=5 等同于 x=x+5;
x-=5 等同于 x=x-5;
x*=5 等同于 x=x*5;
x/=5 等同于 x=x/5;
x%=5 等同于 x=x%5;
```

3. 比较运算符

比较运算符用于操作数的比较运算。在 JavaScript 中，比较运算符及其使用规则如表 1-3 所示。

表 1-3　比较运算符

运算符	描述	x 值	举例
>	大于	3	x>5; //false
<	小于	3	x<5; //true
>=	大于或等于	3	x>=5; //false
<=	小于或等于	3	x<=5; //true
==	等于 (值相等时返回 true)	3	x==3; //true　x==4; //false
!=	不等于 (值不相等时返回 true)	3	x!=5; //true　x!="3"; //false
===	恒等 (值相等并且类型相等时，返回 true)	3	x==="3"; //false　x===3; //true
!==	不恒等 (值或类型不相等时，返回 true)	3	x!==5; //true　x!=="3"; //true

4. 逻辑运算符

JavaScript 中的逻辑运算符用于操作数的逻辑运算，其计算的结果通常用于控制分支结构的走向。

在 JavaScript 中，常用的逻辑运算符有三种，分别为逻辑非 (!)、逻辑与 (&&) 和逻辑或 (||)，具体计算规则及举例如表 1-4 所示。

表 1-4　逻辑运算符

逻辑运算符	运算规则	x	y	举例
!(逻辑非)	对一个值进行非运算，即：对一个布尔值进行取反操作	true		!x //false
&&(逻辑与)	对符号两侧的值进行与运算并返回结果，计算规则：只要有一个值为 false 就返回 false；只有两个值全为 true 时才返回 true	false	true	x&&y //false
||(逻辑或)	对符号两侧的值进行或运算并返回结果，计算规则：只要有一个值为 true 就返回 true；只有两个值全为 false 时才返回 false	true	false	x || y //true

注意：JavaScript 中的"与"属于短路的与，如果第一个值为 false，则不会检查第二个值；JavaScript 中的"或"属于短路的或，如果第一个值为 true，则不会检查第二个值。此外，JavaScript 中还包含按位逻辑运算符，例如：按位与 (&)、按位或 (|)、按位异或 (^)、按位非 (~)，此类运算符主要用于处理二进制数据，在前端开发中应用相对较少，感兴趣读者可自行查阅相关资料，这里不再赘述。

5. 条件运算符

条件运算符也叫三元运算符，它是 JavaScript 中唯一使用三个操作数的运算符。语法如下：

条件表达式? 表达式 1：表达式 2

当条件表达式的返回值为真时，返回表达式 1 的值；为假时，返回表达式 2 的值。

由三元运算符构成的表达式，可以看作双分支 if 语句的简写方式。例如，图 1-20 中的代码与图 1-21 中的代码，均可用于模拟打地鼠游戏中游戏成绩的计算功能。

```
1  //模拟打地鼠成绩计算
2  var count=70;//打中地鼠的次数
3  var total=100;// 地鼠一共出来的次数
4  var grade=(count/total*100>=60)?"过关":"惨败";
5  console.log("本次游戏的战绩为",grade);
```

图 1-20　使用三元运算符模拟游戏成绩计算

```
1  //模拟打地鼠成绩计算
2  var count=70;//打中地鼠的次数
3  var total=100;// 地鼠一共出来的次数
4  var grade=0;// 成绩
5  if(count/total*100>=60){
6      grade="过关";
7  }else{
8      grade="惨败";
9  }
10 console.log("本次游戏的战绩为",grade);
```

图 1-21　使用 if 语句模拟游戏成绩计算

图 1-20 和图 1-21 中的两段代码各有千秋：三元运算符编写的代码更加简洁，而 if 语句编写的代码可读性更高。编程过程中，读者可以根据自己的喜好选择其一。

6. 运算符的优先级

JavaScript 中的运算符具有不同的优先级，这些优先级决定了表达式中运算符的执行顺序。优先级高的运算符会作为优先级低的运算符的操作数。表 1-5 按照从高到低的顺序，列举了一些常见运算符的优先级。

表 1-5　运算符优先级

运算符	描述
圆括号 ()	圆括号在 JavaScript 中拥有最高的优先级，可以覆盖其他所有运算符的默认优先级。编程时可以使用圆括号改变表达式的计算顺序
成员访问 . 和 函数调用 ()	成员访问运算符 . 用来访问对象的属性。函数调用运算符 () 则用来调用函数并执行
一元运算符	++、--、+、-、!
乘性运算符	乘法 (*)、除法 (/)、取模 (%)
加性运算符	加法 (+)、减法 (-)
关系运算符	<、>、<=、>=、instanceof
相等性运算符	==、!=、===、!==
逻辑与运算符	&&
逻辑或运算符	||
条件 (三元) 运算符	? :
赋值运算符 (=)	=、+=、-=、*=、/=

注意：如果不想记忆这些琐碎的优先级顺序，可以使用优先级最高的圆括号 () 来人为确定优先级，最内层括号中的运算符优先级最高。

1.2.11　JavaScript 数据类型转换

数据类型转换是指将一种类型的数据转换为另外一种类型数据的操作。例如，将字符串类型的 "1" 转换为数字类型的 1，将字符串类型的 "2024/7/27" 转换为日期类型，表示 2024 年 7 月 27 日。

在大大小小、或简单或复杂的程序中，经常会遇到各种不同类型的数据之间相互转换的需求。因为用户提供的数据，往往与程序加工的合法数据存在一定的差异。例如，取款时，用户通过文本框输入取款金额，由于文本框的 value 值是字符串类型，必须被转换成数字类型之后，才能与账户余额进行运算。计算机最主要的工作之一，就是对输入的数据进行加工，然后返回加工后的结果。大多数情况下，粗加工就是数据类型转换，精加工则是对转换后的数据根据既定的算法进行进一步处理。

JavaScript 中的数据类型转换主要分为两种：隐式类型转换和显式类型转换。

1. 隐式类型转换

所谓隐式转换，是指在写代码时不做特定处理，但是 JavaScript 解释器会自动进行数据类型转换的操作。它是按照 JavaScript 内置的既定规则进行的。

下面介绍几种常见的隐式转换。

(1) 数字与字符串进行运算，产生结果为字符串。示例如下：

```
console.log(1+2+"3");          //"33"
console.log(true+"12");        //"true12"
console.log(false+"12");       //"false12"
console.log("12"+null);        //"12null"
console.log("12"+undefined);   //"12undefined"
```

(2) 数字与数字进行运算，产生结果为数字。示例如下：

```
console.log(1+2+3);              //6
console.log(true+12);            //13
console.log(false+12);           //12
console.log(12+null);            //12
console.log(12+undefined);       //NaN
```

(3) 数字与数字字符串进行运算，产生结果为数字。示例如下：

```
console.log(10-"20");            //-10
console.log(10*"20");            //200
console.log("10"/"20");          //0.5
```

(4) 数字与非数字字符串进行运算，产生结果为 NaN。示例如下：

```
console.log(10-"one");           //NaN
console.log(10*"102a");          //NaN
console.log("10"/"one");         //NaN
console.log("10"/"true");        //NaN
```

2. 显式类型转换

显式类型转换是指将数据类型强制转换为某种类型。有两种方式可以完成显式类型转换：使用类型转换函数和使用专用函数。

(1) 使用类型转换函数来实现数据类型转换。使用 Boolean() 函数、Number() 函数、String() 函数、Object() 函数，可完成类型转换。可以看出，这些函数以数据类型命名。示例如下：

```
console.log(Number("3"));        //3
console.log(String(false));      //"false"
console.log(Boolean("3"));       //true
console.log(Object(3));          //Number{3}
```

注意：在使用 Boolean() 函数进行类型转换时，代表空、否定的值会被转换为 false，如 ""、0、NaN、null 和 undefined，其余的值会转换为 true。

(2) 使用专用函数完成数据类型转换。JavaScript 中提供了专门的函数和方法来实现数字与字符的转换。

① 不带参数的 toString() 可将数据强制转换为字符串类型。例如：

```
var a=10;
var b=a.toString();
console.log(typeof b);           // "string"
console.log(b);                  //"10" 字符串
```

② 带有进制参数的 toString() 可将数字转换为指定进制。例如：

```
var a=10;
var b=a.toString(2);
console.log(b);                  //1010   将十进制数字 10 转换为二进制
```

③ toFixed() 可以接收一个小数位数参数，将数值转换为字符串，并按照四舍五入规则保留指定位数的小数。在财务相关的系统中经常用到。例如：富士苹果 10 块钱 3 斤，买 5 斤需要多少钱？可用如下代码实现。

```
var price=10/3;
var total=(5*price).toFixed(2);
console.log(total);                          //16.67
```

上面介绍了将数字类型数据转换为字符串类型数据的方法，下面介绍一些将字符串类型数据转换为数字类型数据的方法。

④ parseInt(string) 函数采用下取整算法，将字符串强制转换为对应的整数。例如：

```
var price="10.99";
var total=5*parseInt(price);
console.log(total);                          //50
```

注意：parseInt() 从被转换字符串的起始位开始转换，直到遇到非数字字符为止。例如：parseInt("54a") 的结果为 54。如果被转换字符串的第一位就是非数字字符，则返回 NaN。布尔值、undefined、null 使用该函数转换为整型，会变成 NaN。

⑤ parseInt(string, radix) 函数可以将指定进制的字符串转换为整数。其中，参数 string 为要转换的字符串，radix 为进制，默认为十进制。如果不指定进制参数 (radix) 或将 radix 指定为 0，则按十进制进行解析，否则按 radix 指定的进制进行解析。如果指定了进制参数 (radix)，则可以省略前缀 "0" "0o" "0x"。该函数在涉及硬件的控制类应用中使用较多。将 110 从二进制转化成十进制的代码如下：

```
console.log(parseInt("110", 2)); // 6
```

⑥ parseFloat() 函数可将字符串转换为浮点数。示例代码如下：

```
var a="2.23456";
var b=parseFloat(a);
console.log(typeof b);                       //number
console.log(b);                              //2.23456
```

1.2.12　数据输入输出

数据输入和数据输出是编写程序的必备知识。在 JavaScript 中进行输入输出操作主要有六种方式，分别为普通输入 (prompt)、选择式输入 (confirm)、输出到警告框 (alert)、输出到 HTML 文档、输出到 HTML 元素、输出到浏览器控制台。

1. 普通输入

JavaScript 中可以通过 prompt() 函数以弹窗方式输入信息，该函数可以接收两个参数，其中：

(1) 第一个参数为提示字符串，用于提示用户需要输入信息的内容。

(2) 第二个参数为可选的默认值，用于在输入框中显示一个默认值。

例如：var yourName=prompt(" 请输入你的姓名: "," 爱国者 "); 执行结果如图 1-22 所示。

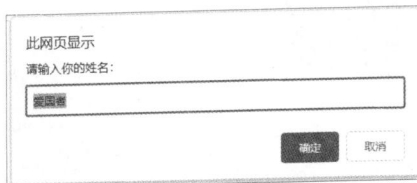

图 1-22　prompt 普通输入

2. 选择式输入

在 JavaScript 中可以通过 confirm() 函数以确认框的方式输入信息，常用于确认用户是否接受某种操作。当确认框弹出时，用户可以单击"确认"或"取消"按钮来确定操作意向。

(1) 当单击"确认"按钮时，确认框返回 true。

(2) 当单击"取消"按钮时，确认框返回 false。

例如：var yourChoice=confirm(" 选择男款，单击确定，选择女款，单击取消。"); 将得到如图 1-23 所示的执行效果。

3. 输出到警告框

JavaScript 中可以使用 alert() 函数将数据输出到警告框。例如：alert("Welcome to JavaScript World!"); 将得到图 1-24 所示的执行效果。

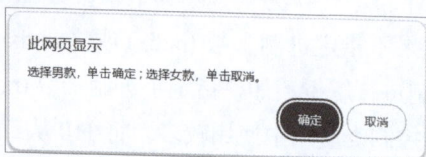

图 1-23 confirm 选择式输入

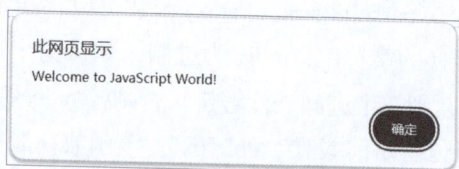

图 1-24 alert 警告框输出

实战小贴士

prompt()、confirm() 和 alert() 函数都是 window 对象的自带方法。因为 window 对象是一个全局对象，所以可以省略掉 window。这三个函数都是阻塞函数，如果不对其进行响应，后面的内容就不会加载出来。

4. 输出到 HTML 文档

在 JavaScript 中可以使用 document.write() 方法将内容写到 HTML 文档中。

语法：document.write(content);

参数：content 是必选项，类型为字符串，可以是变量或值为字符串的表达式，写入的内容常常包括 HTML 标签。

【例 1-10】将信息输出到页面文档。示例代码如图 1-25 所示，执行效果如图 1-26、图 1-27 所示。

例 1-10

```
1  var msg=prompt("请输入姓名");
2  document.write("欢迎你，"+msg);
3  var str="<h1 style='color:green;'>"+msg+"</h1>"
4  document.write(str);
```

图 1-25 将信息输出到页面文档示例代码

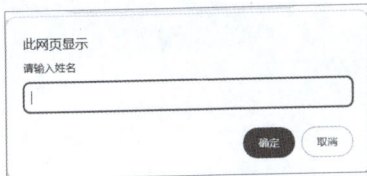

图 1-26　输入姓名

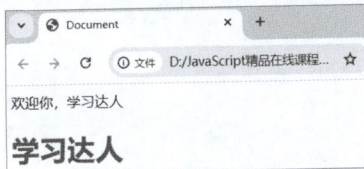

图 1-27　将输入的姓名输出到页面

5. 输出到 HTML 元素

JavaScript 允许通过为 HTML 元素属性赋值的方式，将数据输出到 HTML 元素中。例如，可以将 div 的 innerHTML 赋值为一个 HTML 字符串，或者将 div 的 innerText 属性赋值为具体的文本。

【例 1-11】将信息输出到页面元素。示例代码如图 1-28 所示。执行效果如图 1-29 所示。

本例列举了通过为 innerHTML 和 innerText 两个属性赋值来实现将信息输出到页面的方法。前者可以包含 HTML 标签，后者只能包含纯文本。

```
1  <body>
2      <div id="content1"></div>
3      <div id="content2"></div>
4      <div id="content3"></div>
5      <script>
6          var div1 = document.getElementById("content1");
7          div1.innerHTML = "我是中国人，我热爱我的祖国。";
8          var div2 = document.getElementById("content2");
9          div2.innerText = "我是中国人，我热爱我的祖国。";
10         var div3 = document.getElementById("content3");
11         div3.innerHTML = "<span style='color:green'>我是中国人，我热爱我的祖国。</span>";
12     </script>
13 </body>
```

图 1-28　将信息输出到页面元素代码

注意：

● document.getElementById() 函数可根据 id 值获取对应的页面元素。

● 页面元素通过点标识符 + 属性名的
方式获取或设置相关属性。

● 只能为能够显示文本的页面元素设
置 innerText 和 innerHTML 属性。

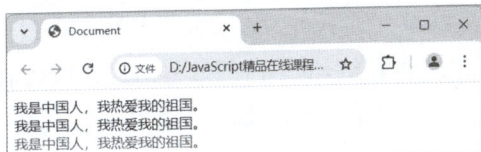

图 1-29　将信息输出到页面元素执行效果

6. 输出到浏览器控制台

JavaScript 允许通过 console.log() 语句将数据输出到浏览器控制台。

语法：console.log(参数1，[参数2,参数3...]);

console.log() 是一个非阻塞函数，因此常被用于程序后台调试。

【例 1-12】将数据输出到控制台。示例核心代码如图 1-30 所示，执行效果如图 1-31 所示。

```
1  <script>
2      var count=10;
3      console.log(count);
4      console.log("本次得分：",count);
5  </script>
```

图 1-30　数据输出到控制台示例代码

例 1-12

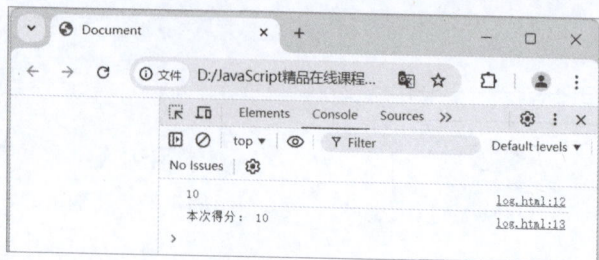

图 1-31　将数据输出到控制台执行效果

实战小贴士

　　当程序需要进行排错时，通常使用 console.log() 方法进行数据追踪。可以直接将数据输出到控制台，也可以加上特定前缀后再输出到控制台，以便对不同的变量进行区分。

1.2.13　if 语句

　　组成程序的代码可能有很多行，那么它们到底谁先执行谁后执行呢？或者说，执行完一行代码后，接着执行哪一行代码呢？一个程序有条不紊地按照既定的顺序执行，从而达到程序预期的效果，"流程控制"这个超级指挥官功不可没。

　　所谓流程控制，就是控制代码的执行顺序。所有语言的流程控制都分为如下三大类。

　　(1) 顺序结构。按照定义的顺序，从上往下依次执行代码。

　　(2) 分支结构。根据不同的情况，执行不同的分支代码。

　　(3) 循环结构。重复执行某些代码块，直到满足特定条件为止。

　　这些流程控制语句的执行逻辑在所有的编程语言中都是相同的，只是不同语言中的语法可能有所不同。如果读者曾经学习过其他编程语言，那么只需关注具体语法即可。如果这是读者学习的第一门编程语言，那么请务必搞清其中的执行逻辑。

　　顺序结构的逻辑较为简单，只是单一的线性顺序，因此这里不再赘述。下面主要介绍 JavaScript 中用于实现分支结构的 if 语句。

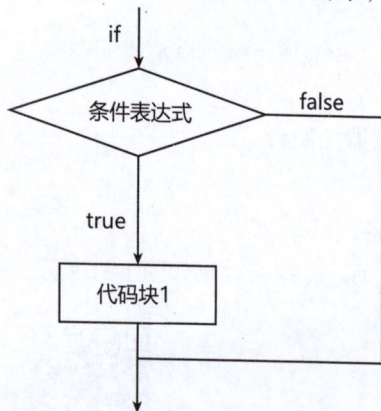

图 1-32　单分支 if 语句执行流程

1. 单分支 if 语句

　　单分支 if 语句是最简单的 if 语句，语法如下：

```
if （条件表达式）{
    代码块 1
}
```

　　当条件表达式的值为真时，执行代码块 1 中的语句，否则直接跳过代码块 1，执行花括号后面的语句，执行流程如图 1-32 所示。

【例 1-13】单分支 if 语句应用举例。代码如图 1-33 所示。

```
1  <script>
2    var score = prompt("请输入成绩！");
3    if (score >= 60) {
4        alert("你已经通过科目2考试！恭喜！");
5    }
6    alert("请有序离开考场！");
7  </script>
```

图 1-33　单分支 if 语句示例代码

上述代码运行后，只有当通过 prompt 输入框输入的成绩大于或等于 60 时，才会收到恭喜信息和有序离场信息，否则只能收到离场信息。

2. 双分支 if 语句 (if...else... 语句)

双分支 if 语句是非此即彼的条件语句，语法如下：

```
if (条件表达式){
    语句块 1
}else{
    语句块 2
}
```

当条件表达式的值为真时，执行语句块 1 中的代码，否则执行语句块 2 中的代码，执行流程如图 1-34 所示。

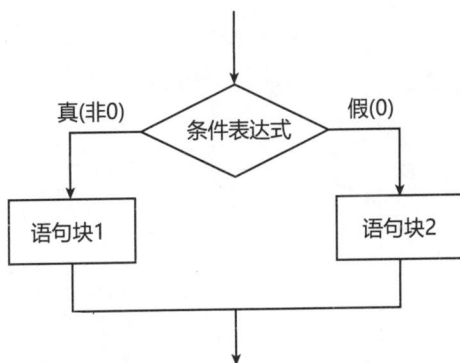

图 1-34　双分支 if 语句执行流程

【例 1-14】参加了 MCSE 认证考试的人员，会根据成绩的不同，得到不同的信息。示例代码如图 1-35 所示。

```
1  <script>
2    var score = prompt("请输入成绩！");
3    if (score >= 60) {
4      alert("你已经通过MCSE考试！pass！");
5    } else {
6      alert("你没有通过MCSE考试！failed！");
7    }
8    alert("请有序离开考场！");
9  </script>
```

图 1-35　双分支 if 语句示例代码

上述代码运行后，会弹出一个 prompt 弹框，提示用户输入百分制成绩，如果成绩大于或等于60，则弹出考试通过的相关信息；否则，弹出考试失败的相关信息。无论是否通过，都会显示"请有序离开考场！"的信息。

3. 多分支 if 语句（嵌套 if 语句）

在 JavaScript 中，if…else if…else 语句可用于对多个条件进行判断，并根据判断结果进行多种不同的处理，语法如下：

```
if（表达式1）{
  语句1
}else if（表达式2）{
  语句2
}...
else if（表达式n-1）{
    语句n-1
}else{
    语句n
}
```

当条件表达式 1 的值为真时，执行语句块 1 中的代码，否则查看条件表达式 2 的值。当其值为真时，执行语句块 2 中的代码，否则继续查看其他条件表达式的值，以此类推，直至查看表达式 n-1 的值。若其值为真，则执行语句块 n-1 中的代码；否则，执行语句块 n 中的代码。多分支 if 语句的执行流程如图 1-36 所示。

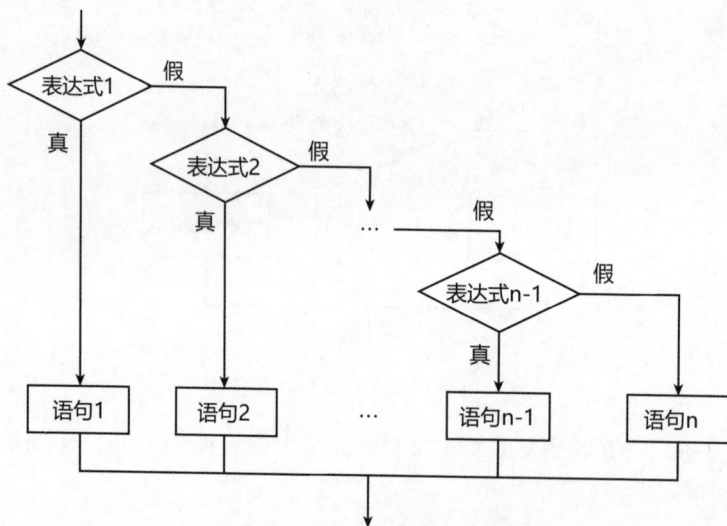

图 1-36　多分支 if 语句执行流程

【例 1-15】多分支 if 语句应用，具体需求如下：

● 当积分 >=5000 时，显示"您的身份为超级会员！"

● 当积分 >=3000 时，显示"身份为白金会员！"

● 当积分 >=2000 时，显示"身份为青铜会员！"

● 当积分 <2000 时，显示"身份为普通会员！"

示例代码如图 1-37 所示。

```
1  <script>
2    var points = 5900;
3      if (points >= 5000) {
4          alert("您的身份为超级会员！");
5      } else if (points >= 3000) {
6          alert("身份为白金会员！");
7      } else if (points >= 2000) {
8          alert("身份为青铜会员！");
9      } else {
10         alert("身份为普通会员！");
11     }
12 </script>
```

例 1-15

图 1-37　多分支 if 语句示例代码

在示例代码中，points >= 3000 出现在 else if 分支的控制条件中，因此，它隐含了 points<5000 的信息 (即不满足 points>=5000 的情况)。必须明确 else 的含义，否则可能会出现将该条件写成 points >= 3000&&points<5000 的情况。

1.3　《成绩转换系统 V1.0》编程实现

在了解 JavaScript 的基础编码常识之后，就可以分步骤实现《成绩转换系统 V1.0》了。

(1) 创建 scoreV1.0.html 并迅速生成如下代码框架：

```
<!DOCTYPE html>
<html lang="en">
<head>
    <meta charset="UTF-8">
    <meta name="viewport" content="width=device-width, initial-scale=1.0">
    <title>Document</title>
</head>
<body>
</body>
</html>
```

(2) 在 <head></head> 区域修改 title，添加样式：

```
<title> 成绩转换系统 V1.0</title>
```

(3) 在 <body></body> 区域添加如下代码：

```
<script>
var score = prompt(" 请输入成绩：");
if(score >= 90){
    alert(" 优秀 ");
}else if(score >= 80){
    alert(" 良好 ");
}else if(score >= 70){
    alert(" 中等 ");
}else if(score >= 60){
```

scoreV1.0

```
        alert(" 及格 ");
    }else{
        alert(" 不及格 ");
    }
</script>
```

至此,《成绩转换系统 V1.0》实现完毕。

1.4 《成绩转换系统 V2.0》需求与技术分析

《成绩转换系统 V1.0》版本虽然能够实现成绩转换功能,但是存在以下两个缺陷。

(1) 弹窗给人以混乱繁杂的感觉,用户体验欠佳。

(2) 没有数据合法性验证环节,程序健壮性较差。例如,没有考虑到如下三种情况:

① 用户根本没有输入数据,就单击转换按钮。

② 用户输入的数据不是数字。

③ 用户输入的是数字,但不在 0~100 的范围内。

下面对其进行完善。

1.4.1 《成绩转换系统 V2.0》任务描述

为了弥补《成绩转换系统 V1.0》的不足,在《成绩转换系统 V2.0》中,我们将重点放在提升用户使用体验、增强程序健壮性上。

(1) 将数据的输入输出调整为通过页面元素实现。

(2) 增加用户输入数据的合法性验证环节,若数据不合法则给予提示,若数据合法则进行成绩转换处理。

1.4.2 《成绩转换系统 V2.0》任务效果

《成绩转换系统 V2.0》任务效果如图 1-38 所示。

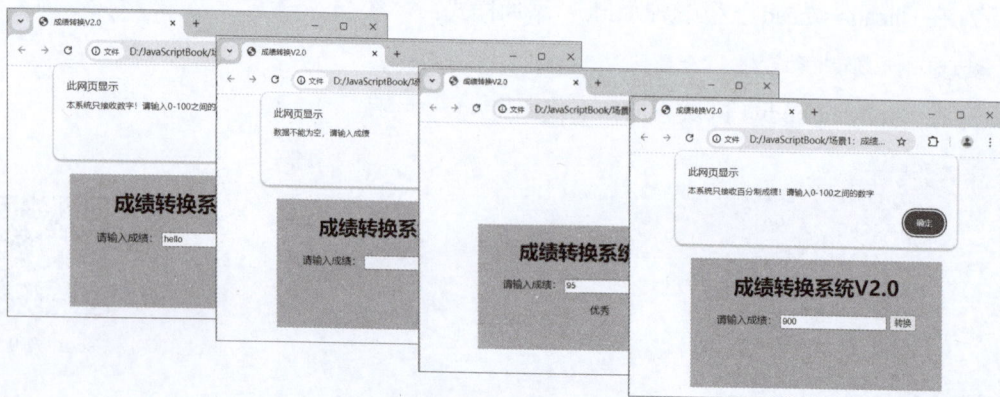

图 1-38 《成绩转换系统 V2.0》任务效果

1.4.3 《成绩转换系统 V2.0》技术分析

《成绩转换系统 V2.0》需要在页面中呈现成绩转换操作界面及处理结果，由此引入三个新的任务：

(1) 获取录入的数据。

对应知识：根据 id 值获取页面元素，然后再获取页面元素用于表示数据的属性值。

(2) 在页面元素中呈现处理结果。

对应知识：根据 id 值获取页面元素，然后为页面元素用于表示数据的属性赋值。

(3) 为按钮绑定单击事件。

对应知识：通过为按钮元素设置单击事件属性的方式，实现按钮单击事件绑定。

1.5　《成绩转换系统 V2.0》知识学习

《成绩转换系统 V2.0》在《成绩转换系统 V1.0》的基础上增加了实现难度，需要引入新的知识以满足项目需求。

1.5.1　从页面元素中获取数据

假如在页面中，通过 id 值为 score 的文本框录入数据，那么：

(1) 通过代码 document.getElementById("score") 可以获取成绩文本框。

(2) 通过代码 document.getElementById("score").value 可以获取成绩文本框中的数据。

说明：

- document.getElementById() 是 document 对象自带的方法，可根据 HTML 元素的 id 值获取页面元素，我们可以直接使用。
- 获取页面元素不等于获取了该元素的值。所以，获取了页面元素之后，要通过其属性来获取对应的数据。
- 可以通过 value 属性获取文本框元素中的数据，该数据为字符串类型。

1.5.2　在 HTML 元素中呈现处理结果

可以呈现文本信息的 HTML 元素有多种，我们任选其一即可。首先找到该元素，然后对其能够呈现文本信息的属性赋值。比如，span 元素可以用于呈现文本信息，假如它的 id 值为 result，那么，使用其呈现"优秀"二字的示例代码如下：

```
document.getElementById("result").innerHTML="优秀"
```

1.5.3　为按钮绑定单击事件

事件驱动是当今主流的程序运行方式。当用户单击了页面上绑定了相关处理代码的元素时，程序将执行相关的功能。关于事件的详细内容后续会有专题介绍，这里以最简单的方式为按钮指定处理函数。例如：

```
<button onclick="convert()">转换</button>
```

上述代码为 button 元素指定了单击事件处理函数，其中，onclick 属性指代单击事件，其属性值为当该事件被触发时即将执行的函数，这里为 convert()。

说明：通过属性方式指定事件处理函数时，属性名为 on+ 事件名，而不是直接写事件名。

1.6 《成绩转换系统 V2.0》编程实现

下面分步骤实现《成绩转换系统 V2.0》。

(1) 创建 scoreV2.0.html，并迅速生成如下代码框架：

```
<!DOCTYPE html>
<html lang="en">
<head>
    <meta charset="UTF-8">
    <meta name="viewport" content="width=device-width, initial-scale=1.0">
    <title>Document</title>
</head>
<body>
</body>
</html>
```

(2) 修改页面标题：

```
<title>成绩转换系统 V2.0</title>
```

(3) 在 <body></body> 标签中添加页面元素如下：

```
    <div class="container">
    <h1>成绩转换系统 V2.0</h1>
    <span>请输入成绩：</span>
    <input type="text" id="score">
    <button onclick="convert()">转换</button>
    <p id="result"></p>
</div>
```

(4) 在 <head></head> 标签中添加样式如下：

```
<style>
    .container {
        width: 400px;
        height: 200px;
        background-color: #ccc;
        text-align: center;
        position: absolute;
        top: 50%;
        left: 50%;
        transform: translate(-50%, -50%);
    }
</style>
```

(5) 在 </div> 标签下面添加 JavaScript 代码如下：

```
<script>
    function convert() {
        var score=document.getElementById("score").value;     // 获取输入的成绩；
        var result = document.getElementById("result");        // 获取存放转换后成绩的p标签
        //分情况处理
        if(score.trim() == ""){                                // 判断输入是否为空
            alert("数据不能为空，请输入成绩");
        }else{
            if (isNaN(score)) {                                // 判断输入是否为数字
                alert("本系统只接收数字！请输入 0-100 的数字");
            } else {
                if (score >= 100 || score < 0) {               // 判断输入是否在 0~100 范围内
                    alert("本系统只接收百分制成绩！请输入 0~100 的数字");
                } else if (score >= 90) {
                    result.innerHTML = "优秀";
                } else if (score >= 80) {
                    result.innerHTML = "良好";
                } else if (score >= 70) {
                    result.innerHTML = "中等";
                } else if (score >= 60) {
                    result.innerHTML = "及格"
                } else {
                    result.innerHTML  = "不及格";
                }
            }
        }
    }
</script>
```

scoreV2.0

至此，《成绩转换系统 V2.0》实现完毕。

> **实战小贴士**
>
> 凡是用户输入数据的地方，都可能有不合法数据存在，因此合法性校验是增强程序健壮性的必备操作之一。

1.7 《成绩转换系统 V3.0》需求与技术分析

《成绩转换系统 V2.0》在功能及用户体验上有了一定的改进，但仍存在进步的空间。《成绩转换系统 V3.0》将进一步增强用户体验，同时引入全新的程序控制流程语句以增强程序可读性。

1.7.1 《成绩转换系统 V3.0》任务描述

《成绩转换系统 V3.0》将采取以下改进措施。

(1) 成绩转换算法采用 switch 语句来替代多分支 if 语句，以增强程序可读性。

(2) 如果用户输入的数据不合法，则自动清除非法数据以减轻用户操作工作量，进而提升用户体验。

(3) 当成绩不及格时，采用红字显示以示提醒。

1.7.2 《成绩转换系统 V3.0》任务效果

《成绩转换系统 V3.0》任务效果与《成绩转换系统 V2.0》基本相同，只是当用户输入非法数据时，数据会自动清空，无须手动删除。同时，当成绩不及格时，会以红字呈现，其他情况则以绿字呈现。相同效果这里不再重复显示，图 1-39 所示为当输入成绩不及格时的执行效果。

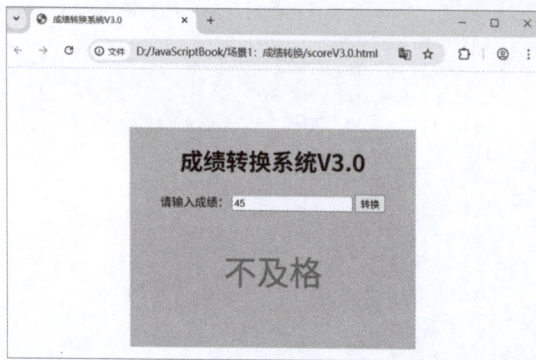

图 1-39 《成绩转换系统 V3.0》任务效果

1.7.3 《成绩转换系统 V3.0》技术分析

根据需求，可知这一版本的页面引入了四项任务。

(1) 优化代码。

对应知识：以 switch 语句代替多分支 if 语句

(2) 非法数据自动清空。

对应知识：为页面元素属性赋值，前文已讲。

(3) 在保证代码整齐的前提下，让不及格成绩采用红字呈现，其他成绩则采用绿字呈现。

对应知识：为页面元素属性赋值，前文已讲。这里只需自带样式即可。

(4) 当程序代码量越来越大，逻辑越来越复杂时，对其进行调试。

对应知识：JavaScript 代码调试。

1.8 《成绩转换系统 V3.0》知识学习

为了能够完美实现《成绩转换系统 V3.0》的功能，需要引入新的知识和技巧，下面逐一进行介绍。

1.8.1 switch 语句

switch 语句是一种多路选择结构,它允许一个变量或表达式与多个可能的值进行比较,然后根据匹配的结果执行相应的代码块。switch 语句提供了一种更加清晰和简洁的方式来处理多个条件判断,而非使用多个嵌套的 if-else 语句。常用于满足"基于不同的条件执行不同的代码块"的需求。使用 switch 语句替代一系列的 if-else 语句,可使代码更为清晰且易于阅读。

使用 switch 语句评估一个变量或表达式,将值与 case 子句匹配,并执行与该情况相关联的语句,具体语法如下:

```
switch (变量/表达式) {
    case 值1:
        语句体1
        break;
    case 值2:
        语句体2
        break;
    ...
    case 值n:
        语句体n
        break;
    default:
        语句体n+1
        break;
}
```

switch 语句的执行逻辑如图 1-40 所示。

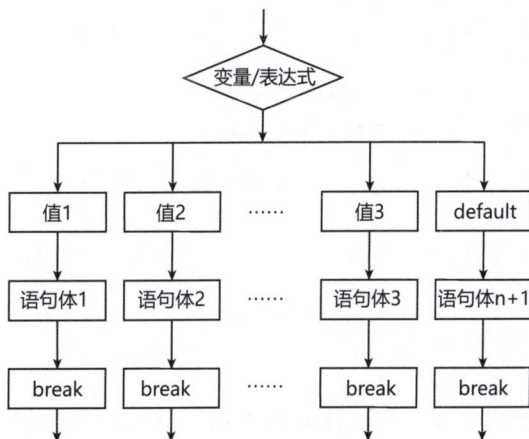

图 1-40   switch 语句的执行逻辑

在使用 switch 语句时,需要注意如下事项:

- break 语句是可选的。如果遇到 break 语句,switch 语句就会结束。
- 如果 case 分支中没有 break,代码会继续执行下一个 case 分支的代码 (即出现了"穿透"现象)。
- default 子句也是可选的。如果给定,这条子句会在表达式的值与任一 case 语句均不匹配时执行。

- default 分支可以放在任意位置 (但通常放在最后)。

【例 1-16】使用 switch 语句判断今天是星期几。示例代码如图 1-41 所示。

例 1-16

```
1  <script>
2      var day = new Date().getDay(); // 获取今天的星期几的数字表示
3      switch (day) {
4          case 1:
5              console.log("Monday");
6              break;
7          case 2:
8              console.log("Tuesday");
9              break;
10         case 3:
11             console.log("Wednesday");
12             break;
13         case 4:
14             console.log("Thursday");
15             break;
16         case 5:
17             console.log("Friday");
18             break;
19         case 6:
20             console.log("Saturday");
21             break;
22         default:
23             console.log("Sunday");
24     }
25 </script>
```

图 1-41　使用 switch 语句显示当前日期是星期几

图 1-41 中，第 2 行代码通过 new Date() 获取当前日期，数据类型为日期类型。日期类型自带方法 getDay() 可以获取一个 0~6 的整数，表示星期几。需要注意的是，星期日用数字 0 表示。switch 语句运行后，控制台上会显示当前日期的英文星期信息。

第 22 行代码的 default 也可以换成 case 0。

实战小贴士

1. switch 语句的最后一个分支可以省略 break。

2. 实际项目开发中，一般将 case 值设置为一些有意义的内容，例如："red"，以增强代码可读性。

1.8.2　程序调试

通过 console.log() 将追踪的变量在控制台上输出，是调试程序经常使用的方法。如果单纯的数据追踪不足以满足调试程序的需求，就需要采用更加专业的方法，在程序运行时，跟踪程序的执行情况，以找到 bug 所在。

断点调试指的是在程序代码的指定行设置一个断点，以调试模式启动程序。当程序运行到断点处时，就会阻塞住，此时可以查看当前各个变量的值，然后可以逐行执行代码，每执行一行都会阻塞住，以便查看当前各个变量或表达式的值。如果代码执行出错，程序会显示出错信息并停止执行。在单步运行过程中，一旦发现某个变量的值，或者程序执行流程与预期效果不符，即可以此为线索，逐步排查并找到 bug。

【例1-17】断点调试举例：创建页面debug.html，实现成绩大于或等于90分时显示"优秀"，其余成绩则显示"继续努力"。代码如图 1-42 所示。

```html
1   <!DOCTYPE html>
2   <html lang="en">
3
4   <head>
5       <meta charset="UTF-8">
6       <meta name="viewport" content="width=device-width, initial-scale=1.0">
7       <title>Document</title>
8   </head>
9
10  <body>
11      <script>
12          var score = 56;
13          if (score >= 9) {
14              document.write("优秀");
15          } else {
16              document.write("良好");
17          }
18      </script>
19  </body>
20
21  </html>
```

图 1-42　断点调试测试代码

在浏览器中运行时，发现成绩明明是 56 分，页面却显示"优秀"。此时，可以按 F12 键或 Fn+F12 组合键进入调试模式，然后选择 Sources 选项卡，在 Sources 选项卡的 Page 栏中，选择要调试的 JavaScript 代码所在的 debug.html 文件，如图 1-43 所示。中间为代码窗格。在第 10 行代码的左侧单击，会出现一个蓝色粗箭头，表示在此行设置了一个断点。再次单击则可以取消断点。

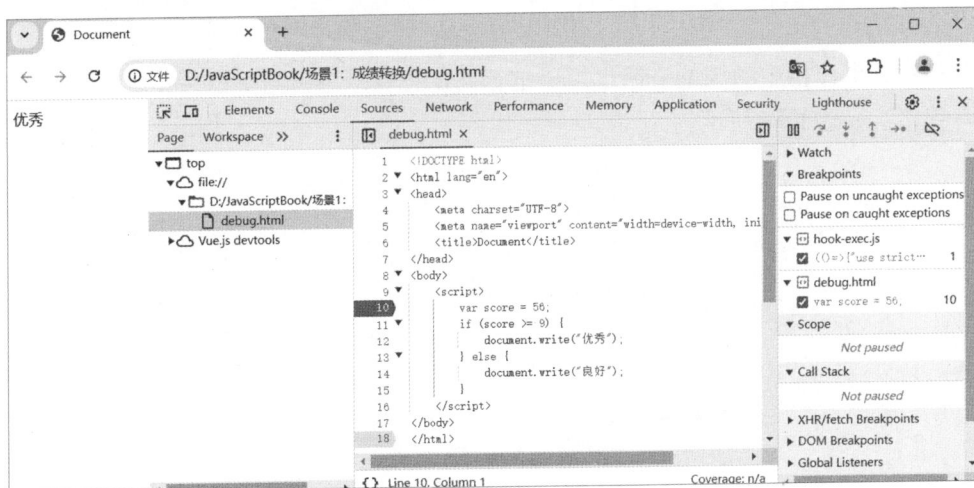

图 1-43　打开断点调试界面

单击浏览器的刷新按钮，进入调试模式，如图 1-44 所示。

笔记本电脑按 Fn+F11 组合键（台式机直接按 F11 键），可以让程序单步运行，如图 1-45 所示。在单步运行的过程中，将光标悬停在变量上，会显示该变量的即时值。

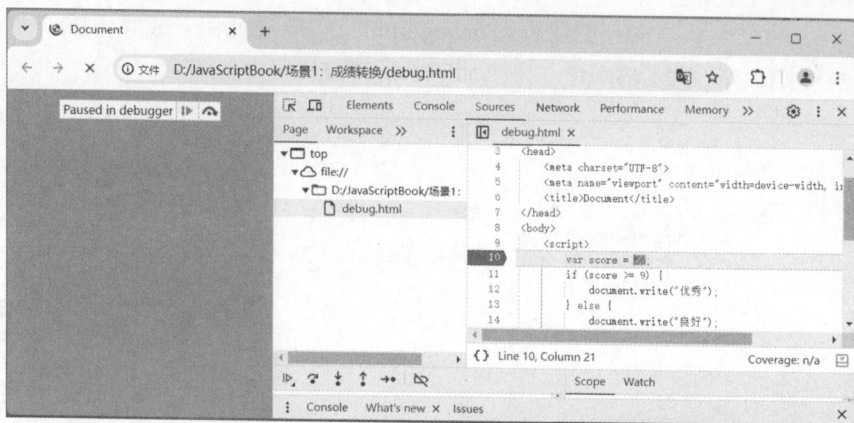

图 1-44 进入调试模式

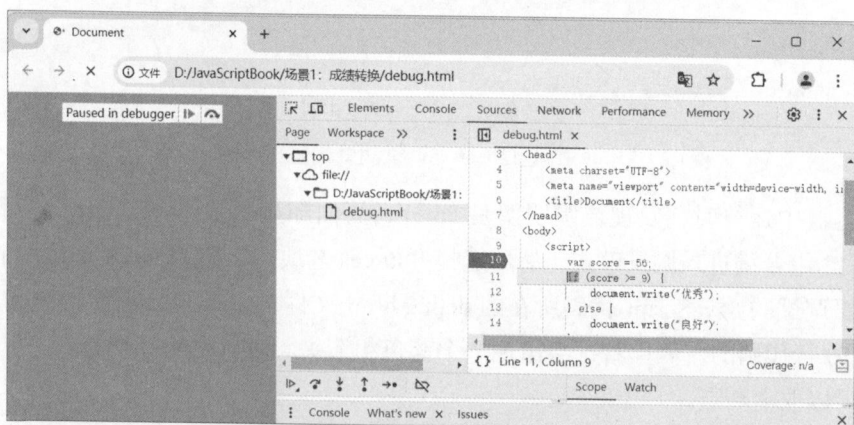

图 1-45 使用快捷键单步运行程序

单击最右侧窗格中的调试按钮也可以进行调试工作，单击向下箭头图标，可以实现单步运行程序，如图 1-46 所示。

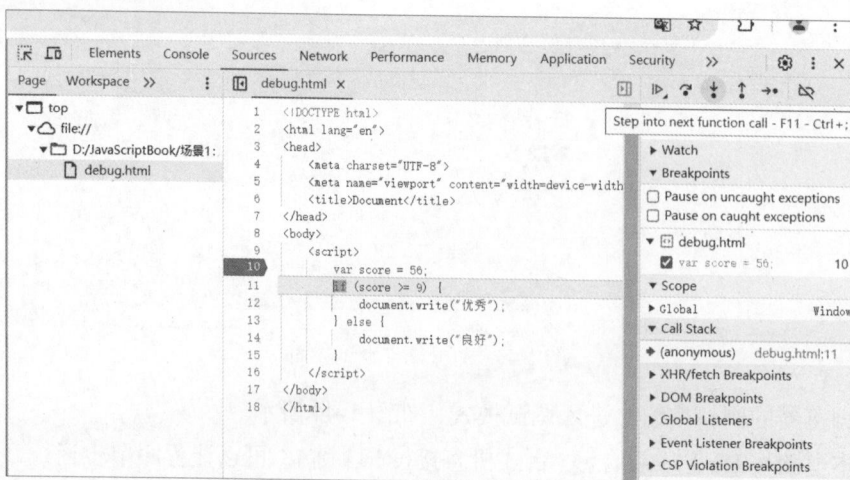

图 1-46 单击按钮图标单步运行程序

经单步运行发现，程序走入了 if 分支，再仔细观察发现，源代码中将 90 误写成了 9，修正后 bug 得以修复。在真实的项目调试中，bug 可能隐藏得很深，但采用断点调试方法，一般都可以找到。至于普通的错误，就不必启用断点调试了，正所谓"杀鸡焉用牛刀"。断点调试往往是程序员最后的"大招"。

1.8.3 异常捕获

在 JavaScript 中，异常捕获是一项非常重要的功能，它可以帮助开发者处理程序中的错误，避免程序崩溃。JavaScript 提供了多种方式来捕获和处理异常。

1. 使用 try...catch 语句

try...catch 语句是捕获异常的常用方法。将可能抛出异常的代码放在 try 语句块中，然后将异常处理代码放在 catch 语句块中。当 try 语句块中的代码抛出异常时，程序会立即跳转到 catch 语句块执行异常处理代码。

示例代码如下：

```
try {
    // 尝试执行的代码
} catch (error) {
    // 异常处理代码，如：
    console.error("捕获到异常 :", error.message);
}
```

2. 使用 try...catch...finally 语句

无论是否捕获到异常，finally 块中的代码都会执行。此语句用于无论是否发生异常都要执行代码的情况。示例代码如下：

```
try {
    // 尝试执行的代码
} catch (error) {
    // 异常处理代码，如：
    console.error("捕获到异常 :", error.message);
} finally {
    // 无论是否捕获到异常，都会执行的代码
    console.log("清理或收尾工作 ");
}
```

3. 使用 throw 语句抛出异常

throw 语句可以抛出自定义异常。这将导致程序停止执行当前代码，并跳转到错误处理代码 (如果有的话)，或者在没有任何错误处理的情况下，显示一个错误消息。

【例 1-18】手动抛出异常。示例代码如图 1-47 所示。

在图 1-47 所示的代码中，第 2~7 行代码定义了一个 checkValue() 函数，该函数有一个参数。当实参值为 0 时，会通过第 4 行代码抛出一个异常，该异常的错误信息为"值不能为 0"。否则返回 10 除以实参的值。

```
1    <script>
2      function checkValue(value) {
3        if (value === 0) {
4            throw new Error("值不能为0"); // 抛出异常
5        }
6        return 10 / value; // 如果value不为0, 则正常执行
7      }
8      try {
9          checkValue(0); // 这里会抛出异常
10     } catch (error) {
11         console.error(error.message); // 捕获并处理异常
12     }
13   </script>
```

例 1-18

图 1-47　手动抛出异常代码

在第 8~12 行的异常捕获语句中，第 9 行代码传递了实参 0 给 checkValue() 函数，这会引发异常；异常发生会导致程序跳转到 catch 语句块。catch 语句块中的代码 (即第 11 行代码) 会在控制台显示错误信息，因此代码执行完毕后控制台会输出"值不能为 0"的错误信息，如图 1-48 所示。

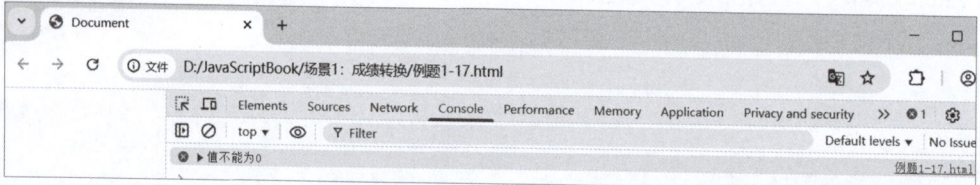

图 1-48　手动抛出异常执行效果图

1.9　《成绩转换系统 V3.0》编程实现

下面分步骤对《成绩转换系统 V3.0》进行实现。

(1) 创建 scoreV3.0.html，并迅速生成代码框架：

```
<!DOCTYPE html>
<html lang="en">
<head>
    <meta charset="UTF-8">
    <meta name="viewport" content="width=device-width, initial-scale=1.0">
    <title>Document</title>
</head>
<body>
</body>
</html>
```

(2) 修改页面标题：

```
<title> 成绩转换系统 V3.0</title>
```

(3) 在 <body></body> 标签中添加页面元素如下：

```
<div class="container">
    <h1> 成绩转换系统 V3.0</h1>
```

```
    <span> 请输入成绩: </span>
    <input type="text" id="score">
    <button onclick="convert()"> 转换 </button>
    <p id="result"></p>
</div>
```

(4) 在 <head></head> 标签中添加样式如下:

```
<style>

    .container {
        margin: 0 auto;
        width: 400px;
        height: 300px;
        background-color: #ccc;
        text-align: center;
        position: absolute;
        top: 50%;
        left: 50%;
        transform: translate(-50%, -50%);
    }
    p {
        font-size: 46px;
        color: green;
    }
</style>
```

(5) 在 </div> 标签下面添加 JavaScript 代码如下:

```
<script>
    function convert() {
        var score = document.getElementById("score").value;// 获取输入的成绩;
        var result = document.getElementById("result");// 获取存放转换后成绩的 p 标签
        // 分情况处理
        if (score.trim() == "") { // 判断输入是否为空
            alert(" 数据不能为空，请输入成绩 ");
        } else {
            if (isNaN(score)) { // 判断输入是否为数字
                alert(" 本系统只接收数字！请输入 0~100 的数字 ");
                document.getElementById("score").value = "" // 清空非法数
            } else {
                if (score < 0 || score > 100) { // 判断输入是否在 0~100 范围内
                    alert(" 本系统只接收 0~100 的数字 ");
                    document.getElementById("score").value = "" // 清空非法数据
                } else { // 输入数据合法，进行转换
                    var g = parseInt(score) / 10;// 将输入的成绩除以 10, 得到一个整数
                    var grade = "";// 定义一个空字符串，用于存放转换后的成绩
                    switch (g) {// 根据 g 的值，进行转换
                        case 10:
                        case 9:
                            grade = " 优秀 ";
                            break;
                        case 8:
                            grade = " 良好 ";
                            break;
```

```
                case 7:
                    grade = " 中等 ";
                    break;
                case 6:
                    grade = " 及格 ";
                    break;
                default:
                    grade = "<span style='color:red;'> 不及格 </span>";
            }
            result.innerHTML = grade;
        }
      }
    }
  }
</script>
```

scoreV3.0

至此,《成绩转换系统 V3.0》实现完毕。

说明: 因为《成绩转换系统 V3.0》程序健壮性和用户体验均得到提升,程序逻辑非常严谨,数据进行层层检测,确保合法后才进行转换,所以用到了嵌套 if 语句。引入 switch 语句之后,代码更加清晰易懂。

实战小贴士

1. 当程序的执行条件层层嵌套时,可以采用自顶向下、逐步求精的方法来设计代码,必要时可先使用伪代码 (中文) 进行推敲,确认无误后再转换成真正代码。

2. 功能实现不一定代表任务完成,功能坚不可摧,并且能准确优雅地实现才是一名优秀的程序员追求的目标。

课后习题

一、单项选择题

1. 在 JavaScript 中,以下哪个方法用于弹出一个对话框来接收用户的输入? (　　)

　　A. alert()　　　　　　　　　　　　B. console.log()

　　C. document.write()　　　　　　　　D. prompt()

2. 以下说法哪个是错误的? (　　)

　　A. JavaScript 语言只能编写前台程序　　B. JavaScript 语言可以编写前台程序

　　C. JavaScript 语言可以编写后台程序　　D. JavaScript 语言可以编写微信小程序

3. 下列哪个选项不是 JavaScript 的数据类型？（　　）

    A. number　　　　　B. string　　　　　　C. Object　　　　　　D. Character

4. 在 JavaScript 中，以下哪个不是原始（基本）数据类型？（　　）

    A. 字符串 (String)　　　　　　　　B. 数字 (Number)

    C. 数组 (Array)　　　　　　　　　D. 布尔值 (Boolean)

5. JavaScript 最初是由谁创建的？（　　）

    A. 布兰登·艾奇　　　　　　　　　B. 比尔·盖茨

    C. 乔布斯　　　　　　　　　　　　D. TJ

6. 下列哪个选项用于清除控制台中的所有输出？（　　）

    A. clear()　　　　B. reset()　　　　C. console.clear()　　　　D. console.reset()

7. JavaScript 是一种什么类型的编程语言？（　　）

    A. 编译型语言　　　　　　　　　　B. 解释型语言

    C. 机器语言　　　　　　　　　　　D. 汇编语言

8. 下列哪种语句结尾风格在 JavaScript 中是推荐的？（　　）

    A. 使用分号结尾　　　　　　　　　B. 不使用分号结尾

    C. 使用逗号结尾　　　　　　　　　D. 使用句号结尾

9. 下列哪个选项描述了 JavaScript 变量名的有效命名规则？（　　）

    A. 只能使用数字和下画线开头

    B. 可以包含字母、数字、下画线和美元符号 ($)

    C. 不能包含特殊字符

    D. 随便起名即可

10. 以下关于 JavaScript 中 switch 语句的说法，哪一项是正确的？（　　）

    A. switch 语句只能用于判断数字类型的值，不能用于字符串

    B. switch 语句的 default 分支必须放在所有 case 分支的最后

    C. 如果 case 分支中没有 break，代码会继续执行下一个 case 分支的代码

    D. switch 语句的判断条件必须使用严格相等 (===) 进行比较

二、编程实践题

1. 结合本主题所学知识，实现弹窗版定制欢迎信息（即：通过 prompt 弹窗输入姓名，以弹窗显示"欢迎 ××× 来到 JavaScript 编程世界！"）。

2. 结合本主题所学知识，实现页面版定制欢迎信息（即：通过文本框输入姓名，单击"显示"按钮，在页面上呈现"欢迎 ××× 来到 JavaScript 编程世界！"）。

3. 结合本主题所学知识，实现弹窗版加法器（即：计算两数相加，并返回结果）。

4. 结合本主题所学知识，实现页面版加法器（即：计算两数相加，并返回结果）。

5. 请尝试编程实现一款寓教于乐的网页小应用，教学生计算圆的面积。

6. 请编写一个程序，实现当用户输入年份时，告知用户输入的年份是否为闰年。

实战主题 ②

验证码及其应用

验证码 (CAPTCHA) 是 Completely Automated Public Turing test to tell Computers and Humans Apart(全自动区分计算机和人类的图灵测试) 的缩写，是一种用于区分用户是计算机还是人类的公共全自动程序。使用验证码可以防止恶意破解密码、刷票、论坛灌水等行为，也能避免黑客通过暴力破解程序对特定注册用户进行频繁登录尝试。实际上，验证码是目前许多网站及其他互联网应用程序通用的一种安全加固方式。

在浩瀚的网络海洋中，每一位冲浪者都应成为数字文明的守护者。党的二十大报告指出，要"健全网络综合治理体系，推动形成良好网络生态"。作为互联网时代的公民，我们不仅要恪守法律红线，更要坚守道德底线。尤其对于软件开发者而言，技术能力更意味着社会责任——代码不仅是工具，更是价值观的载体。古人云："君子爱财，取之有道。"在数智时代更当谨记：技术向善方为大道，以代码守护网络安全，用智慧筑就数字文明，这才是当代技术人的应有担当。

本主题以验证码为应用场景，通过三个版本的 JavaScript 迭代实现，让读者了解使用 JavaScript 语言编写验证码的基本思路与技巧，实现从知识学习到知识理解，再到知识应用的完美过渡。

通过本主题的学习，读者将在 JavaScript 语法、软件开发常识、模块化程序设计思想、软件素养等方面有所收获，并为后续学习打下坚实基础。

▌知识目标

➤ 掌握 JavaScript for 循环、while 循环和 do...while 循环。

➤ 掌握 JavaScript 强行终止循环的常用方法。

➤ 掌握 JavaScript 双重循环的编写技巧。

➤ 掌握 JavaScript Math 对象和 String 对象的常用方法。

➤ 掌握 JavaScript 数组和函数的基本知识及使用技巧。

能力目标

➤ 能够熟练使用 VSCode IDE 编写 JavaScript 代码。

➤ 能够熟练使用 JavaScript 循环语句实现具有重复性特征的数据处理。

➤ 能够熟练使用 Math 对象的随机函数实现随机数据生产。

➤ 能够熟练使用 String 对象方法进行字符串处理。

➤ 能够使用 JavaScript 数组进行批量数据组织。

➤ 能够使用模块化思想进行程序组织。

➤ 能够遵循行业主流命名规范科学合理地为变量命名。

➤ 能够遵循特定编程风格编写和组织代码。

素养目标

➤ 培养基本的软件设计思想。

➤ 培养模块化思想。

➤ 了解软件健壮性并提升思维缜密性。

➤ 培养和践行精益求精的工匠精神。

➤ 培养良好的编码习惯和编码风格。

➤ 培养思考与分析能力。

思维导图

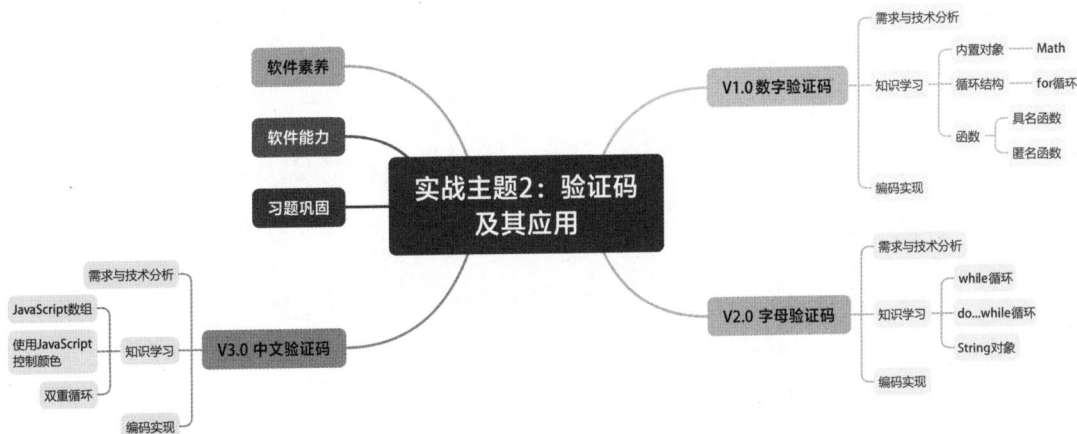

2.1 《验证码及其应用 V1.0》需求与技术分析

俗话说，磨刀不误砍柴工。下面将从任务描述、任务效果和技术分析三个维度对《验证码及其应用 V1.0》展开铺垫性介绍，以期让读者明确"要做什么""做成什么样子""用什么技术"三个关键问题，从而使后续工作更加清晰有序，有的放矢。

2.1.1 《验证码及其应用 V1.0》任务描述

本任务实现 4 位数字验证码，属于基础版本，目的是让大家了解验证码的基本编写思路，以及循环的基本语法，并进一步熟悉 JavaScript 语言的编写、运行和调试程序的基本流程，掌握 JavaScript 循环、Math 内置对象的用法及使用特点。

具体需求如下。

(1) 当网页加载完毕时，出现验证码输入框，以及 4 位 0~9 随机数字组成的验证码。

(2) 单击"登录"按钮，如果验证码和输入内容一致，则弹出"允许登录"的弹窗。

(3) 单击"登录"按钮，如果验证码和输入内容不一致，则弹出"验证码错误"的弹窗，并刷新验证码。

(4) 单击验证码可刷新验证码。

2.1.2 《验证码及其应用 V1.0》任务效果

《验证码及其应用 V1.0》任务效果如图 2-1 所示。

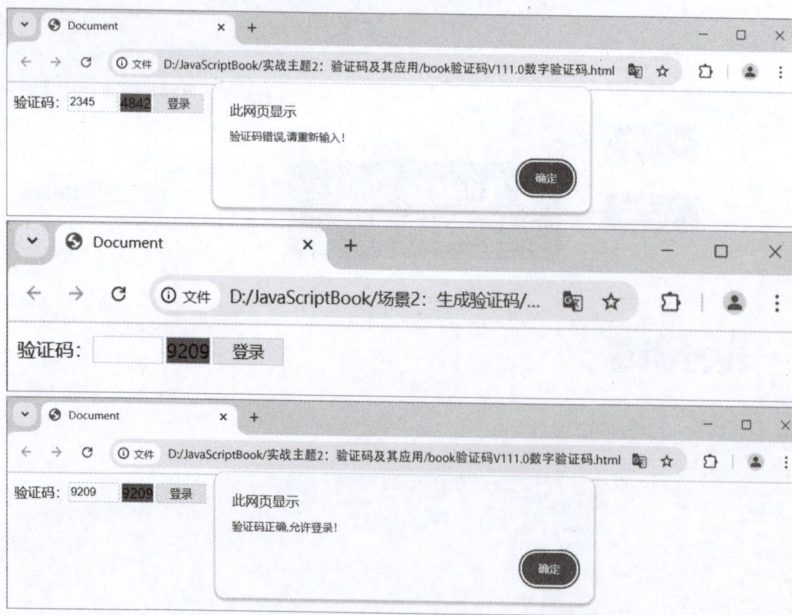

图 2-1 《验证码及其应用 V1.0》任务效果

2.1.3　《验证码及其应用 V1.0》技术分析

《验证码及其应用 V1.0》需求相对简单，仅为 4 位随机数字，只要将生成一个 0~9 的随机数字的代码，重复执行 4 次即可，因而实现逻辑相对容易。网页加载后立即显示验证码，验证码一旦输错，将产生新的验证码，单击验证码也将产生新的验证码。因此，本案例的实现要考虑代码复用技术。

在技术层面，需要解决如下问题。

(1) 如何生成指定范围内的随机数字？

对应知识：Math 对象的 random() 方法。

(2) 如何实现具有重复性操作特点的需求？

对应知识：JavaScript 循环。

(3) 如何实现代码复用，使得生成验证码的代码只需编写一次？

对应知识：JavaScript 函数。

2.2　《验证码及其应用 V1.0》知识学习

通过上述介绍，相信读者的脑海里已经有了一幅《验证码及其应用 V1.0》的清晰画像。下面对实现该项目所需的知识进行介绍，以打破"巧妇难为无米之炊"的困境。

2.2.1　JavaScript 内置对象

为了方便程序员编写代码，JavaScript 内置了很多常用对象，这些对象自带方法，开箱即用，从而节省了程序的编写时间，提高了编程效率。

JavaScript 对象是拥有属性和方法的数据。编程者可以将这些对象当作现成的工具，只要知道工具的名称是什么，工具的说明书是怎样的，就可以使用它们来编写代码。

JavaScript 常用内置对象主要有 Math 对象、String 对象、Date 对象和 Array 对象。

顾名思义，Math 对象擅长处理与数学相关的操作；String 对象擅长处理与字符串相关的操作；Date 对象擅长处理与时间日期相关的操作；Array 对象擅长处理与数组相关的操作。所有上述这些操作，涵盖了实际编写程序过程中的大部分需求。

可通过"内置对象 . 属性名"直接使用内置对象的属性。

可通过"内置对象 . 方法名"直接使用内置对象的方法。

2.2.2　Math 对象

下面以 Math 对象为例，介绍 JavaScript 内置对象的特点及使用方法。

(1) Math 对象的作用。Math 对象的主要作用是提供一些与数学运算相关的属性和方法。

(2) Math 对象的常用属性。Math 对象的常用属性如表 2-1 所示。

表 2-1　Math 对象的常用属性

属性	描述
E	返回算术常量 e，即自然对数的底数 (约等于 2.718)
LN2	返回 2 的自然对数 (约等于 0.693)
LN10	返回 10 的自然对数 (约等于 2.302)
LOG2E	返回以 2 为底的 e 的对数 (约等于 1.442 695 040 888 963 4)
LOG10E	返回以 10 为底的 e 的对数 (约等于 0.434)
PI	返回圆周率 (约等于 3.141 59)
SQRT1_2	返回 2 的平方根的倒数 (约等于 0.707)
SQRT2	返回 2 的平方根 (约等于 1.414)

(3) Math 对象的常用方法。Math 对象的常用方法如表 2-2 所示。

表 2-2　Math 对象的常用方法

方法	描述
abs(x)	返回 x 的绝对值
acos(x)	返回 x 的反余弦值
asin(x)	返回 x 的反正弦值
atan(x)	以介于 -PI/2 与 PI/2 弧度之间的数值来返回 x 的反正切值
atan2(y,x)	返回从 x 轴到点 (x,y) 的角度 (介于 -PI/2 与 PI/2 弧度之间)
ceil(x)	对数进行上舍入。例如，Math.ceil(5.1) 的结果为 6
cos(x)	返回数的余弦
exp(x)	返回 e 的 x 次幂
floor(x)	对 x 进行下舍入。例如：Math.floor(5.9) 的结果为 5
log(x)	返回数的自然对数 (底为 e)
max(x,y,z,...,n)	返回 x,y,z,...,n 中的最大值
min(x,y,z,...,n)	返回 x,y,z,...,n 中的最小值
pow(x,y)	返回 x 的 y 次幂
random()	返回 0～1 的随机数
round(x)	四舍五入取整。例如：Math.round(5.1) 为 5，Math.round(5.6) 为 6
sin(x)	返回数的正弦
sqrt(x)	返回数的平方根
tan(x)	返回角的正切
trunc(x)	将数字的小数部分去掉，只保留整数部分

(4) Math 对象的使用。

可通过 "Math. 属性名" 使用 Math 对象的属性。例如：假设圆的半径存于变量 r 中，则圆的面积 s 可以用 Math.PI*r*r 表示。

可通过 "Math. 方法名" 使用 Math 对象的方法。例如：假设去超市购物，总花费存在变量 sum 中，则 Math.round(sum) 即为需要付给超市的实际费用 (假定超市采用四舍五入的方式计费)。

除了上述这种直接使用内置对象的属性和方法，也可以通过一定的算法，对 Math 对象的方法和属性进行二次加工，得到所需的结果。

下面以 Math 对象的 random() 方法为例进行讲解。由于 Math.random() 可以生成 0 ~ 1 的随机数，以此为基础，求 min 到 max 之间的随机整数可通过如下代码表示：

```
Math.floor(Math.random()*(max-min+1))+min
```

"获取指定范围内的随机数"在很多实际项目中都有重要的应用，如验证码、随机点名、随机抽检等，毫不夸张地说，只要是用到随机数据的场合，几乎都离不开 random() 方法。由此可见，有了 JavaScript 内置对象的支持，开发者编写相关代码的工作变得更加轻松。

2.2.3　JavaScript 循环简介

在软件开发过程中，有时会遇到需要反复做某件事情的需求，这正是循环结构的用武之地。

利用循环，编程者只需寥寥数行代码，便可轻松指挥计算机完成成千上万甚至几十万条指令的批量操作。

JavaScript 循环用于反复执行同一段代码。面对重复操作 n 次的需求，程序员无须将完成一次操作的代码重复编写 n 次，而是通过使用特定的循环语句，按照语法规则编写一次操作过程，然后通过一个条件 (通常为数字或表达式) 控制重复执行操作过程的次数即可。

JavaScript 主要提供了五种循环语句来实现循环结构，分别是 for 循环、while 循环、do...while 循环、for/in 循环和 forEach 循环。

每一种循环都有自己擅长的处理场景，在编程过程中，可以根据实际需求选择合适的循环方式。

2.2.4　for 循环语句

1. for 循环语法

for 循环是应用最广泛的循环结构之一，适用于循环次数已知的循环。for 循环的语法如下：

```
for ( 语句 1; 语句 2; 语句 3){
    循环体 ( 被执行的代码块 )
}
```

其中：

(1) 语句 1。在循环开始前执行，通常用于循环控制变量的初始化，例如：var i=1;。

(2) 语句 2。用于定义运行循环体 (代码块) 的执行条件，通常形式为循环控制变量与某一数值的比较，例如：i<=10;。

(3) 循环体。被执行的代码块，本质上是指需要被重复执行的一段代码。例如：console.log(i++);。

(4) 语句 3。在循环体被执行之后执行，通常用于循环控制变量的变化，比如自加或自减。例如：i++;。

掌握了上述 for 循环的四个要素，就等于掌握了 for 循环的精髓。

2. for 循环举例

【例 2-1】求 1+2+3+4+⋯+10 的结果。

面对 1+2+3+4+⋯+10 的需求，可以提炼出如下四个循环要素。

(1) 语句 1：循环控制变量初始化，如：var i=1;。

(2) 语句 2：循环结束的控制条件。如：i<=10;。

(3) 语句块：在记录结果的变量上加一个当前的 i 值。如：假设用 sum 保存累加的结果，代码可以写成 sum+=i;。

(4) 语句 3：循环控制变量在执行一轮循环后进行变化。如：i++;。

综上，实现上述需求的代码如图 2-2 所示。

```
1  <script>
2          var sum=0;
3          for(var i=1;i<=10;i++){
4                  sum+=i;
5          }
6          console.log(sum);
7  </script>
```

例 2-1

图 2-2　1~10 整数累加

3. for 循环执行逻辑

为什么按照 for 循环语法编写的代码能够按照预期实现所需循环效果呢？是什么驱动着代码去一圈一圈地重复执行，然后又在特定的时机结束循环呢？只要读者了解了 for 循环背后的执行逻辑，自然茅塞顿开。for 循环的执行流程如图 2-3 所示。

由图 2-3 可知，for 循环的执行过程如下。

(1) 执行语句 1。

(2) 执行语句 2。

(3) 若其值为真，则执行 for 语句中指定的循环体语句，接着执行语句 3；然后再转回上面语句 2 继续执行 (如此形成循环)。

(4) 若其值为假，则结束循环，转到结束，执行 for 语句下面的语句。

4. 循环的终止

JavaScript 循环有两种终止模式，即"自然终止"和"人为终止"。

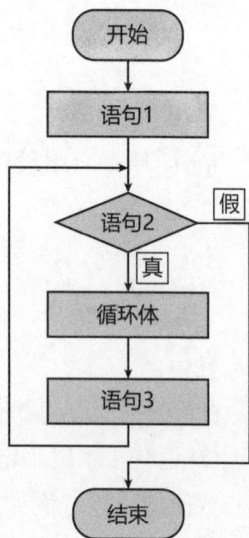

图 2-3　for 循环的执行流程

（1）一般情况下，JavaScript 循环会根据循环的执行条件执行循环体，在满足循环的结束条件后，结束循环，即进行完整的循环执行过程，之后终止循环。

（2）有时在循环的执行过程中，发现了符合条件的目标数据，无须再继续执行后面的循环了，那就需要采用人为终止循环的方式来结束循环，即通过特定的语句来强行终止循环。JavaScript 人为终止循环有两种方式：

① 利用 continue 语句终止本轮循环，直接跳入下一轮循环。

② 利用 break 语句终止整个循环，直接跳出循环体。

在人为终止循环的时候，务必提前想清楚，到底是想只终止某轮循环中的部分执行步骤，还是终止整个循环。

【例 2-2】一共要吃 5 个苹果，如果苹果有虫子，就扔掉，然后继续吃剩余的苹果。

本例可以使用 continue 语句结束有虫子的那轮循环，这里假设第 2 个苹果有虫子，代码如图 2-4 所示，执行结果如图 2-5 所示。

```
1   <!DOCTYPE html>
2   <html lang="en">
3   <head>
4       <meta charset="UTF-8">
5       <meta name="viewport" content="width=device-width, initial-scale=1.0">
6       <title>Document</title>
7   </head>
8   <body>
9       <script>
10          for (var i = 1; i <= 5; i++) {
11              if (i == 2) {
12                  console.log("这个苹果有虫子, 扔掉");
13                  continue; // 跳出本次循环, 跳出的是第2次循环
14              }
15              console.log("我正在吃第" + i + "个苹果呢");
16          }
17      </script>
18  </body>
19  </html>
```

图 2-4　continue 应用举例

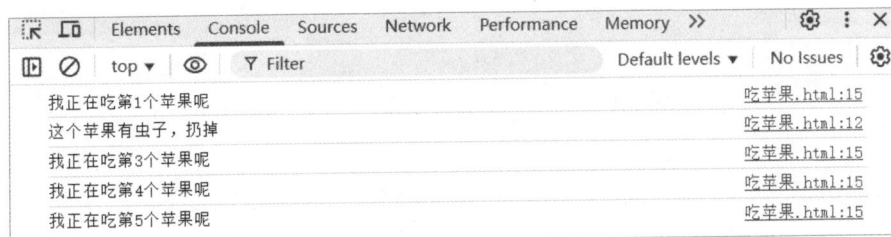

图 2-5　continue 应用举例执行结果

【例 2-3】质检部门对 5 件货物依次进行检查，只要发现有一件产品不合格，这件产品及后面的产品一律不再接收。

本例可以使用 break 语句终止整个循环。这里假设第 2 件产品不合格，代码如图 2-6 所示，执行结果如图 2-7 所示。

```
1   <!DOCTYPE html>
2   <html lang="en">
3   <head>
4       <meta charset="UTF-8">
5       <meta name="viewport" content="width=device-width, initial-scale=1.0">
6       <title>Document</title>
7   </head>
8   <body>
9       <script>
10          for (var i = 1; i <= 5; i++) {
11              if (i == 2) {
12                  console.log("这件货物不合格，连同后面的货物一起，拒收");
13                  break; // 跳出整个循环
14              }
15              console.log("接收第" + i + "件货物");
16          }
17      </script>
18  </body>
19  </html>
```

例 2-3

图 2-6　break 应用举例

图 2-7　break 应用举例执行效果

5. for 循环注意事项

(1) 在编写循环时，特别要注意避免死循环。正常的循环都会结束，不会形成死循环。也就是说，总有一次会在执行语句 2 时得到一个假值，进而结束循环，或者是通过其他途径结束循环。(例如：强制退出循环语句 continue 或者 break。)

(2) for 循环可以按照标准语法编写，但这不是唯一写法，也可以有其他写法。例如，将语句 3 写在循环体内部，如图 2-8 所示。推荐大家使用标准写法。

```
1   for(语句1;语句2;){
2       循环体（被执行的代码块）；
3       语句3；
4   }
```

图 2-8　for 循环语法变体

2.2.5　JavaScript 函数

1. JavaScript 函数简介

函数是可以被重复使用的代码块。通过使用函数，我们可以把具有相同或相似逻辑的代码封装起来，以便于代码复用。通常情况下，一个函数实现一个相对单一的功能，因此，可以将大的、复杂的功能切分为小的、简单的模块，这种做法不仅可以降低编码难度，同时也便于后期维护。

函数可以直接被调用，也可以通过事件处理函数的方式，采用事件触发来进行调用。

2. JavaScript 函数语法

声明 JavaScript 函数的语法如下（注 :[] 中内容为可选项）：

```
function 函数名([形参1,...,形参n])
{
    // 函数体代码
}
```

其中：

(1) function 是定义函数的关键字。

(2) 函数名符合 JavaScript 变量的命名规范即可，建议见名知意，使用小驼峰命名法。

(3) 参数是外界传递给函数的待处理的值，此时的参数称为形参，它是可选的，多个参数之间用 "," 分隔。参数的引入使得函数的功能更加强大，传进什么数据，就处理什么数据。

(4) 函数体代码是函数内所有代码组成的整体，用于实现特定的功能。当调用该函数时，会执行函数体内的代码。

函数可以通过 return 语句将计算的结果返回，return 语句是可选项。当函数体不包含 return 语句时，会认为返回值为 undefined。

调用 JavaScript 函数的语法如下：

```
functionName([实参1,...,参数n]);
```

【例 2-4】利用函数求 3^2+5^2。

本例可先定义一个函数，该函数能够实现求取两个数的平方和，然后再调用该函数，在控制台上输出 3 和 5 两个整数的平方和。核心代码如图 2-9 所示。

```
1  <script>
2    function getSquareSum(num1,num2) {
3      return num1*num1+num2*num2;
4    }
5    console.log(getSquareSum(3,5));
6  </script>
```

例 2-4

图 2-9　带有返回值的平方和函数核心代码

其中，第 2~4 行代码用于定义一个能够求取两个数的平方和的函数，第 5 行代码调用该函数，在控制台上输出了 3^2+5^2 的结果。上述函数包含了 return 语句，执行结果如图 2-10 所示。

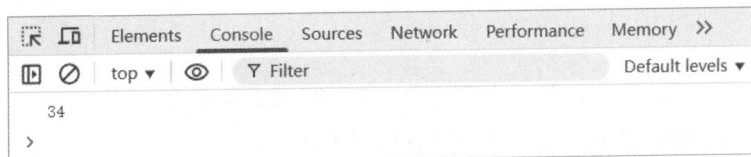

图 2-10　带有返回值的平方和函数执行结果

如果将图 2-9 中的代码改写为图 2-11 所示代码，则执行结果如图 2-12 所示。

```
1  <script>
2    function getSquareSum(num1,num2) {
3      console.log(num1*num1+num2*num2);
4    }
5    console.log(getSquareSum(3,5));
6  </script>
```

图 2-11　无返回值的平方和函数代码

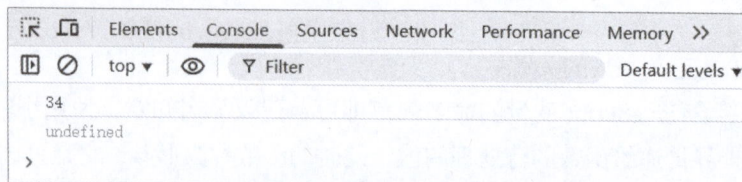

```
⟨R ⟩  □  Elements  Console  Sources  Network  Performance  Memory  »
▷□ ⊘  top ▼  ⊙  ▽ Filter                              Default levels ▼
  34
  undefined
>
```

图 2-12　无返回值的平方和函数执行结果

注意：在定义函数和调用函数时，无论有无参数，都要写括号。

3. 匿名函数

在 JavaScript 中，函数可以根据是否拥有函数名分为具名函数和匿名函数两大类。上述形式的自定义函数都有名字，因此属于具名函数。而匿名函数，顾名思义，是指没有名字的函数。例如：

```
var mySum=function(a,b){
        return a+b;
}
```

上述代码可以通过 console.log(mySum(5,8)) 的方式进行调用。匿名函数通常用作回调函数。

4. JavaScript 函数提升

使用 function 关键字定义的函数，可以先调用，后定义。这是因为 JavaScript 会采用提升机制，将函数声明提升至其作用域的首部，无论该函数在何处被定义。虽然如此，对于函数，建议最好还是遵循先定义后使用的原则。随着对代码质量要求的不断提高，编程者也会变得越来越优秀。

2.3　《验证码及其应用 V1.0》编程实现

万事俱备，只欠东风。下面分步骤实现《验证码及其应用 V1.0》。

(1) 创建 myCodeV1.0.html，并迅速生成代码框架。

```
<!DOCTYPE html>
<html lang="en">
```

```
<head>
    <meta charset="UTF-8">
    <meta name="viewport" content="width=device-width, initial-scale=1.0">
    <title>Document</title>
</head>
<body>
</body>
</html>
```

(2) 在 <head></head> 区域修改 title，添加样式：

```
<title> 验证码及其应用 V1.0</title>
<style>
    span {
        box-sizing: border-box;
        border: 1px solid #ddd;
        height: 23px;
        background-color: green;
        margin:2px;
    }
    #myInput,button {
        width: 60px;
        height: 23px;
        border: 1px solid #ddd;
        box-sizing: border-box;
        display: inline-block;
    }
    .top{
        display: flex;
        align-items: center;
    }
</style>
```

(3) 在 <body></body> 区域添加如下代码：

```
<div class="top">
    验证码: <input type="text" id="myInput">
    <span id="myCode" onclick="generateCode()"></span>
    <button onclick="check()"> 登录 </button>
</div>
<script>
    function generateCode() {
        // 产生 [n,m] 之间的一个随机数 :Math.floor(Math.random() * (m- n + 1)) + n;
        // 产生 0~9 的一个随机数
        var n = 0;
        var m = 9;
        var totalCode = "";
        for (var i = 1; i <= 4; i++) {
            totalCode += Math.floor(Math.random() * (m - n + 1)) + n;
        }
        document.getElementById("myCode").innerText = totalCode; // 在页面上显示验证码
    }
    function check() {
        var inputCode = document.getElementById("myInput").value;
        var code = document.getElementById("myCode").innerText;
```

```
        if (inputCode == code) {
            alert(" 验证码正确，允许登录！ ");
        } else {
            alert(" 验证码错误，请重新输入！ ");
            document.getElementById("myInput").value="";
            generateCode();
        }
    }
    generateCode();
</script>
```

myCodeV1.0

至此，《验证码及其应用 V1.0》实现完毕。

说明：因为产生验证码的功能需要在多处被调用，所以封装到了函数 generateCode() 中。

2.4 《验证码及其应用 V2.0》需求与技术分析

《验证码及其应用 V1.0》版本虽然能够实现验证码功能，但是存在如下两个缺陷：一是数字验证码相对简单，二是呈现形式相对单调。本着精益求精的态度，下面对其进行进一步完善。

2.4.1 《验证码及其应用 V2.0》任务描述

《验证码及其应用 V1.0》的缺陷，正是《验证码及其应用 V2.0》需要改进的地方。由此得出《验证码及其应用 V2.0》的项目需求，即增加验证码复杂度。

(1) 将验证码内容改为四位字母且不区分大小写。

(2) 为验证码增加背景图案。

2.4.2 《验证码及其应用 V2.0》任务效果

《验证码及其应用 V2.0》任务效果如图 2-13 所示。

2.4.3 《验证码及其应用 V2.0》技术分析

《验证码及其应用 V2.0》需要在页面中呈现字母验证码，且不区分大小写，由此引入三个新的任务。

(1) 生成随机大小写字母。

实现思路：生成大小写字母范围的随机 ASCII 码，并剔除非字母 ASCII 码 (注：大写字母 A~Z 的 ASCII 码范围为 65~90，小写字母的 ASCII 码范围为 97~122)。

(2) 实现不区分大小写。

实现思路：利用 String 对象的内置方法。

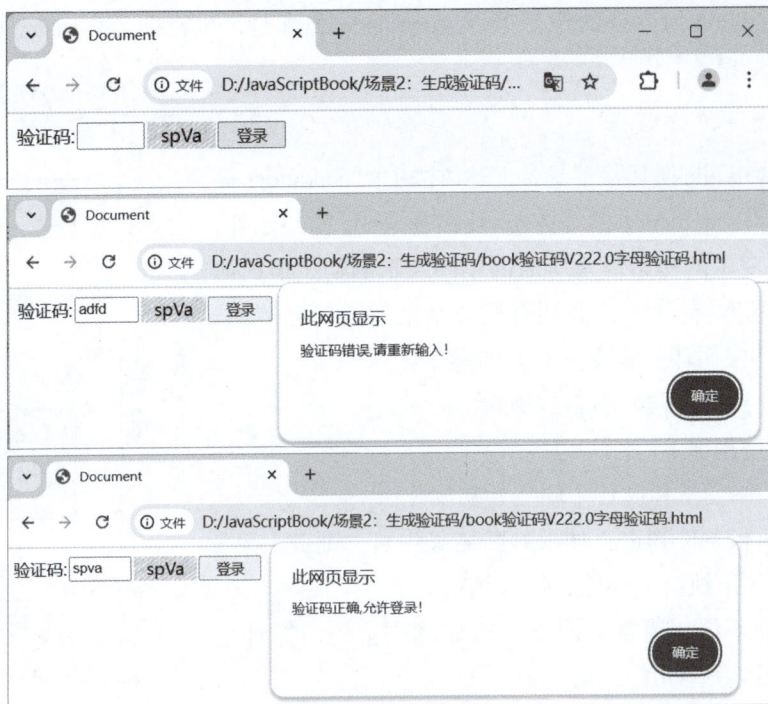

图 2-13　《验证码及其应用 V2.0》任务效果

(3) 为验证码添加背景图片。

实现思路：使用样式表实现。

2.5　《验证码及其应用 V2.0》知识学习

《验证码及其应用 V2.0》在《验证码及其应用 V1.0》的基础上增加了算法和实现难度。既要保证原有的核心思路不变，又要添砖加瓦，实现新的效果。目前已有知识已经不能满足该项目需求，引入新的知识和技巧势在必行。

2.5.1　while 循环语句

1. while 循环语法

while 循环属于 JavaScript 循环中的一种，它具有所有循环结构的通用特性。while 循环可以重复执行一段代码，但需要避免死循环。同时，它具有鲜明的语法特点，如：循环控制条件的变化必须位于循环体内。

while 循环语法如下：

```
while(condition){
  statement// 循环体
}
```

其中，condition 为循环的执行条件，condition 为真时，执行循环体 statement；condition 为假时，循环结束。

2. while 循环执行过程

一般来说，while 循环除了具备上述语法中的 condition(循环控制条件) 和 statement (循环体)，还需在 while 循环之外，设置循环控制变量的初始值及所需的中间变量的初始值；而且循环体中一定要有能够让循环有机会结束的语句，例如，类似于 for 循环中循环控制变量的累加操作。

while 循环执行流程如图 2-14 所示。

具体执行过程如下。

(1) 循环控制变量和循环中间变量初始化。

(2) 循环执行条件判定：如果判断结果为真，则进入第 3 步；如果为假则不执行循环体，循环结束。

(3) 执行循环体。通常情况下，循环体中会包含循环变量变化操作，然后返回第 2 步。

图 2-14　while 循环执行流程

3. while 循环举例

下面通过一个简单的例子，体验一下 while 循环的用法。

【例 2-5】验证高斯算法：求 1+2+3+4+…+100 的值。

案例的需求为验证高斯算法，可以使用 while 循环实现 1 到 100 之间的整数累加，代码如图 2-15 所示。

```
1   <script>
2       var sum=0;
3       var i=1;
4       while (i<=100){
5           sum+=i;
6           i++;
7       }
8       console.log("1+2+3+4+...+100="+sum);
9   </script>
```

图 2-15　while 语句验证高斯算法

上述代码中，第 2 行代码用于循环中间变量初始化；第 3 行代码用于循环控制变量初始化；第 4~7 行代码为 while 循环语句，第 4 行代码中的 i<=100 为循环控制条件；第 5 行用于实现累加并记录；第 6 行代码是循环控制变量自加操作，正是这个操作，使得循环总有结束的那一刻：即当 i=101 时，i 不满足小于或等于 100 的条件，循环结束。第 8 行代码用于将执行结果输出到控制台。

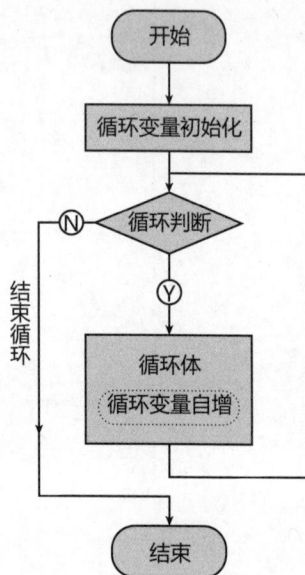

4. while 循环注意事项

while 循环注意事项如下。

(1) 在编写循环时，特别要注意避免死循环。为了使得 while 循环能够有机会结束，我们通常在循环体内放入循环控制变量自加或者自减的操作。千万不要忘记这一点，否则循环控制变量的值会一直不变，循环很有可能无限进行下去，进而陷入死循环。

(2) 如果坚持不将循环控制变量自加或者自减的操作放入循环体内，也要通过强制退出循环的方式，根据某些条件手动结束循环。

2.5.2　do...while 循环语句

1. do...while 循环语法

do... while 循环是 JavaScript 循环中的一种，它具有所有循环结构的通用特性，如：可以重复执行一段代码，但需要避免死循环。同时，它具有自己鲜明的语法特点，如：循环控制条件的变化必须位于循环体内。除了至少执行一次循环之后才进行循环条件判定，do...while 执行逻辑与 while 循环极其类似。

do...while 循环一般适用于循环结束条件已知的情况，它的语法如下：

```
do{
    statement// 循环体语句
}while(condition);
```

其中，condition 为循环的执行条件，condition 为真时，执行循环体 statement；condition 为假时，循环结束。

2. do...while 循环执行过程

一般来说，do...while 循环除了具备上述语法中的 condition(循环控制条件) 和 statement (循环体)，还需在 do...while 循环之外，设置循环控制变量的初始值及所需的中间变量的初始值；而且循环体中一定要有能够让循环有机会结束的语句，例如，类似于 for 循环中循环控制变量的累加操作。

do...while 循环的执行流程，如图 2-16 所示。

具体执行过程如下。

(1) 循环控制变量和循环中间变量初始化。

(2) 执行循环体。通常情况下，循环体中会包含循环控制变量变化操作，以避免死循环。

(3) 循环执行条件判定。如果判断结果为真，则再次进入第 2 步；如果为假，则循环结束。

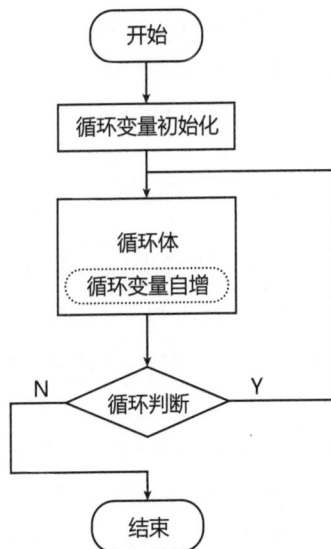

图 2-16　do...while 循环执行流程

3. do...while 循环举例

【例2-6】 验证高斯算法：求 1+2+3+4+……+100 的值。

使用 do...while 循环验证高斯算法，即计算 1 到 100 之间的整数之和并输出，实现代码如图 2-17 所示。

```
1  <script>
2      var sum=0;
3      var i=1;
4      do{
5          sum+=i;
6          i++;
7      }while (i<=100)
8      console.log("1+2+3+4+...+100="+sum);
9  </script>
```

图 2-17　用 do...while 循环验证高斯算法

第 2 行代码用于循环中间变量初始化。第 3 行代码用于循环控制变量初始化。第 4~7 行代码为 do...while 循环语句，第 7 行中的 i<=100 为循环控制条件；第 5 行执行本例的业务逻辑，即完成累加并记录累加和；第 6 行为循环控制变量自加操作，正是这个操作，使得 do...while 循环总有结束的那一刻：即当 i=101 时，i 不满足小于或等于 100 的条件，循环结束。第 8 行代码用于将执行结果输出到控制台。

4. do...while 循环注意事项

do...while 循环和 while 循环的执行逻辑极其相似，二者的注意事项也大致相同，唯一不同的是，do...while 循环是先执行循环体，再判定循环控制条件；而 while 循环是先判定循环控制条件，再执行循环体。所以，当一次循环条件都不满足时，do...while 会执行一次循环体，而 while 则一次循环体也执行不了。例 2-5 和例 2-6 均不涉及一次循环都不执行的场景，两例代码的循环体语句一模一样。

2.5.3　String 对象

String 对象是 JavaScript 内置对象之一，它是处理文本数据的基础，内置了很多非常好用的方法，可以帮助我们快速完成字符处理相关操作。例如：假设字符串 str 的值为 HeLLo，则 str.toLowerCase() 可以返回小写的值：hello，从而轻松实现忽略验证码大小写的需求。

可以采用两种方式创建 String 对象，一种是通过构造函数创建，例如：var txt = new String("hello")；另一种是直接赋值，例如：var txt = "ok"。

通过 String 对象的 length 属性，我们可以获取字符串的长度。通过 prototype 属性，我们可以为 String 对象添加属性和方法。

String 对象的常用方法如表 2-3 所示。

表 2-3　String 对象常用方法

方法	描述
charAt()	返回在指定位置的字符
charCodeAt()	返回在指定的位置的字符的 Unicode 编码
concat()	连接两个或更多字符串，并返回新的字符串
fromCharCode()	将 Unicode 编码转为字符
indexOf()	返回某个指定的字符串值在字符串中首次出现的位置
includes()	查找字符串中是否包含指定的子字符串
lastIndexOf()	从后向前搜索字符串，并从起始位置 (0) 开始计算返回字符串最后出现位置
match()	查找到一个或多个正则表达式的匹配
replace()	在字符串中查找匹配的子串，并替换与正则表达式匹配的子串
split()	把字符串分割为字符串数组
toLowerCase()	把字符串转换为小写
toUpperCase()	把字符串转换为大写
trim()	去除字符串两边的空白

2.6　《验证码及其应用 V2.0》编程实现

下面分步骤实现《验证码及其应用 V2.0》。

(1) 创建 myCodeV2.0.html，并迅速生成代码框架：

```
<!DOCTYPE html>
<html lang="en">
<head>
    <meta charset="UTF-8">
    <meta name="viewport" content="width=device-width, initial-scale=1.0">
    <title>Document</title>
</head>
<body>
</body>
</html>
```

(2) 修改页面标题：

```
<title> 验证码及其应用 V2.0</title>
```

(3) 在 <body></body> 标签中添加页面元素如下：

```
<div class="top">
    <span class="span1"> 验证码 :</span>
    <input type="text" id="myInput">
    <span  class="span2" id="myCode" onclick="generateCode()"></span>
    <button onclick="check()"> 登录 </button>
</div>
```

(4) 在 <head></head> 标签中添加样式如下：

```
</style>
    .top{
```

```css
        text-align: right;
        display: flex;
        align-items: center;
    }
    .span1 {
        height: 23px;
        line-height: 23px;
        text-align: center;
    }
    .span2 {
        height: 23px;
        line-height: 23px;
        background-image: url(bg.png);
        margin-left: 2px;
        width: 60px;
        text-align: center;
    }
    #myInput, button {
        height: 23px;
        width: 60px;
        box-sizing: border-box;
        display: inline-block;
        margin-left: 2px;
    }
</style>
```

(5) 在 </div> 标签下面添加 JavaScript 代码如下：

```html
<script>
    // 生成一位随机大写字母
    function getLetter(){
    // 大写字母 ascii 码范围 65~90 小写字母 ascii 码范围 97~122
        n=65;
        m=122;
        num=Math.floor(Math.random() * (m- n + 1)) + n;
        while(num>90&&num<97){
         num=Math.floor(Math.random() * (m- n + 1)) + n;
        }
        return String.fromCharCode(num);
    }
    // 生成 4 位大写字母验证码
    function generateCode(){
        var str="";
        for(var i=0;i<4;i++){
         str+=getLetter()
        }
        document.getElementById("myCode").innerText=str;
    }
    // 判定验证码合法性
     function check() {
        var inputCode = document.getElementById("myInput").value;
        var code = document.getElementById("myCode").innerText;
        if (inputCode.toLowerCase() == code.toLowerCase()) {
            alert("验证码正确，允许登录！");
        } else {
            alert("验证码错误，请重新输入！");
```

```
            document.getElementById("myInput").value="";
            generateCode();
        }
    }
    generateCode();
</script>
```

myCodeV2.0

其中：

- getLetter() 方法通过生成大小写字母 ASCII 码范围的随机整数来生成大小写字母，由于 ASCII 码 65 到 122 之间掺杂着其他非字母符号的 ASCII 码，需要通过 while 或 do...while 循环来进行剔除。这个函数很好地体现了"while 循环和 do...while 循环适合于结束条件已知的情况"这一论断。
- generateCode() 将生成随机字母的操作循环执行四次，得出 4 位随机大小写字母混搭验证码，最终将结果赋给 span 元素，从而实现验证码的页面输出。"for 循环适用于循环次数已知的情况"在这个函数中得到了很好的体现。

至此，《验证码及其应用 V2.0》实现完毕。

实战小贴士

1. 字母与 ASCII 码之间存在着对应关系，处理字母有时可以利用这种关系来简化操作。

2. 当业务逻辑相对复杂时，要有意识地采用函数将复杂逻辑分割为一个个相对单一的实现单元，这样，代码编写难度会降低，也方便后续维护和代码复用。

2.7　《验证码及其应用 V3.0》需求与技术分析

《验证码及其应用 V2.0》在功能及用户体验上有了一定的改进，但是仍存在进步的空间。例如：验证码以英文体系为主，没有中文元素，可扩展性较差；背景单一，每个验证码丰富多彩的程度欠佳；验证码缺乏去重操作，存在同一内容重复出现的可能。

2.7.1　《验证码及其应用 V3.0》任务描述

《验证码及其应用 V2.0》需要改进的地方，就是《验证码及其应用 V3.0》需要实现的内容，由此得出《验证码及其应用 V3.0》的项目需求：为验证码增加中文元素、增强丰富程度和可维护性，并且实现去重。

(1) 提供一种机制，使得验证码生成素材可为中文，且可以随意增减变换。

(2) 为每一位验证码生成一个随机背景。

(3) 当新生成的验证码元素中有重复内容时，进行去重处理。

2.7.2　《验证码及其应用 V3.0》任务效果

《验证码及其应用 V3.0》任务效果如图 2-18 所示。

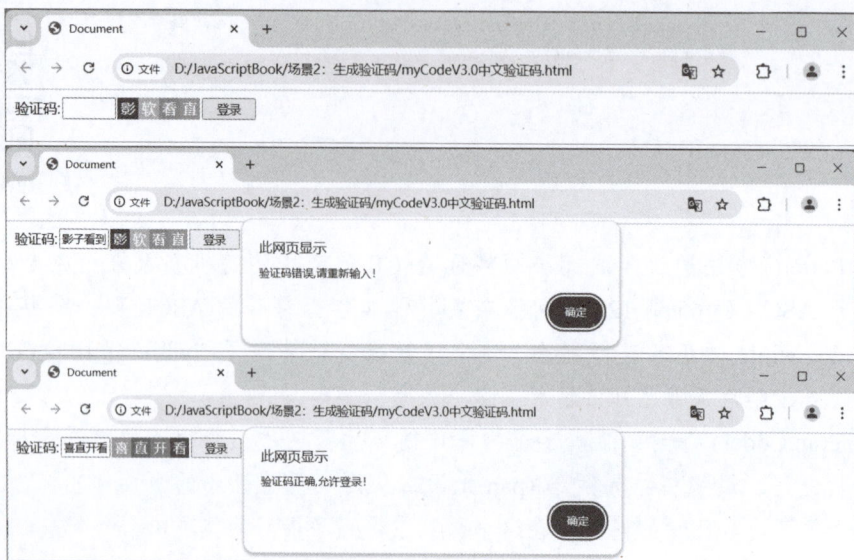

图 2-18 《验证码及其应用 V3.0》任务效果

2.7.3 《验证码及其应用 V3.0》技术分析

根据需求，可知这一版本的页面引入了三项任务。

(1) 提供一种与《验证码及其应用 V2.0》不同的验证码素材盛放机制，使得内容可为中文且便于控制。

对应知识：JavaScript 数组。

(2) 提供去重算法。

对应知识：利用 while 或 do...while 循环，生成的验证码不合格就一直生成直至合格。这部分知识在《验证码及其应用 V2.0》知识学习中已经讲解。

(3) 将每一位验证码单独控制，生成随机颜色背景。

对应知识：为页面元素通过行内样式设置随机颜色背景。

2.8 《验证码及其应用 V3.0》知识学习

《验证码及其应用 V3.0》功能越来越完善，算法越来越严谨，对于执行效果的要求也越来越高。原有项目的主体思路和知识储备已经不足以满足当前项目的需求。所谓不破不立，《验证码及其应用 V3.0》将采用全新的知识和技术，实现更加完美的验证码效果。

2.8.1 JavaScript 数组

在 JavaScript 中，数组对象是一种使用单独的变量名来存储多个数据值的数据结构，这些数据值被称为数组的元素，它们可以是任何数据类型 (数字、字符串、对象、函数等)。

这里强调一下，JavaScript 数组并不像 C# 等强类型语言那样，强制要求一个数组中的元素必须为同一种数据类型。数组可以被视为一个强大而灵活的数据集合，JavaScript 为其提供了多种方法来访问和操作其中的数据。数组的引入为我们处理批量数据打开了一扇新的大门。

1. 创建数组

有三种方式可以创建数组。

(1) 使用数组字面量，示例如下：

```
var numbers = [1, 2, 3, 4, 5];
var fruits = ["apple", "banana", "cherry"];
```

(2) 通过构造函数，示例如下：

```
var number2=new Array(1,2,3,4,5);
var fruits2 =new Array("apple", "banana", "cherry");
```

(3) 先声明再赋值，示例如下：

```
var fruits3=new Array();
fruits3[0]="Apple";
fruits3[1]="Banana";
fruits3[2]="Cherry";
```

2. 使用数组元素

可以通过数组名 [下标] 的方式使用数组的元素。注意，JavaScript 中数组的下标是从零开始的，也有些人将数组下标称作索引。例如，对于 var fruits = ["apple", "banana", "cherry"] 定义的 fruits 数组而言，fruits[0] 为 "apple"，fruits[1] 为 "banana"，fruits[2] 为 "cherry"。

3. 获取数组长度

数组的 length 属性可以返回数组的长度。例如，对于 var fruits = ["apple", "banana", "cherry"] 定义的 fruits 数组而言，fruits.length 返回的值为 3。

4. 常用数组方法

JavaScript 为数组对象提供了丰富的方法，这些方法为我们使用数组提供了很大的便利。数组对象常用方法如表 2-4 所示。

表 2-4 数组对象常用方法

方法名	描述
concat()	连接两个或更多的数组，并返回结果
filter()	检测数值元素，并返回符合条件所有元素的数组
find()	返回符合传入测试 (函数) 条件的数组元素
findIndex()	返回符合传入测试 (函数) 条件的数组元素索引
forEach()	数组的每个元素都执行一次回调函数
isArray()	判断对象是否为数组
join()	把数组的所有元素放入一个字符串

方法名	描述
pop()	删除数组的最后一个元素并返回删除的元素
push()	向数组的末尾添加一个或更多元素，并返回新的长度
reverse()	反转数组的元素顺序
shift()	删除并返回数组的第一个元素
unshift()	向数组的开头添加一个或更多元素，并返回新的长度
toString()	把数组转换为字符串，并返回结果
splice()	从数组中添加或删除元素

5.遍历数组

数组是一个数据集合，对这个集合中的每一个元素都进行访问，这种操作通常被称为数组的遍历。当然，这里的访问，包括但不限于读取数组元素的值，大多数情况下包括访问和加工两个环节。

如何对数组进行遍历呢？方式通常有两种，一种是通过 for 循环，结合数组长度，手动进行遍历。另外一种是通过 forEach() 方法自动实现遍历。下面分别举例说明。

【例 2-7】定义一个包含 0~9 共计 10 个数字的数组，遍历数组元素并在控制台上进行呈现。

可以使用 for 循环实现本例需求，代码如图 2-19 所示。

```
1  <script>
2      var myArr=[0,1,2,3,4,5,6,7,8,9];
3      for(var i=0;i<myArr.length;i++){
4       console.log(myArr[i]);
5      }
6  </script>
```

例 2-7

图 2-19　使用 for 循环遍历数组

【例 2-8】定义一个包含 0~9 共计 10 个数字的数组，遍历数组元素并在控制台上进行呈现。

可以使用数组对象的 forEach() 方法实现本例需求，代码如图 2-20 所示。

```
1  <script>
2      var myArr=[0,1,2,3,4,5,6,7,8,9];
3      myArr.forEach(function(item){
4          console.log(item);
5      })
6  </script>
```

例 2-8

图 2-20　使用 forEach() 函数遍历数组

6. 二维数组

在 JavaScript 中，二维数组 (也称为矩阵或数组的数组) 是一种特殊类型的数组，其中每个元素本身也是一个数组。这对于处理表格数据、图形数据或其他需要行和列结构的数据非常有用。

可以使用嵌套数组字面量定义数组。

【例 2-9】定义一个二维数组，并将其在控制台上进行输出。代码如下。

例 2-9

```javascript
var  matrix = [
  [1, 2, 3],
  [4, 5, 6],
  [7, 8, 9]
];
console.log(matrix); // 输出：[[1, 2, 3], [4, 5, 6], [7, 8, 9]]
```

也可以使用循环创建二维数组。

【例 2-10】例 2-9 的代码也可以写成如下形式 (双重循环相关知识请参照 2.8.3 小节)。

例 2-10

```javascript
var rows = 3;
var cols = 3;
var matrix = [];
for (var i = 0; i < rows; i++) {
    matrix[i] = [];                          // 初始化行
       for (var j = 0; j < cols; j++) {
         matrix[i][j] = i * cols + j + 1; // 初始化列
       }
    }
console.log(matrix);                 // 输出：[[1, 2, 3], [4, 5, 6], [7, 8, 9]]
```

2.8.2　使用 JavaScript 控制颜色

在 JavaScript 中，控制颜色通常涉及修改 HTML 元素的样式相关属性。这里只介绍通过行内 JS 的方式修改 style 属性的值，从而实现修改颜色相关样式的效果。后续内容中会介绍其他方式。颜色可以是 RGB、RGBA、十六进制或者 CSS 中的颜色名称 (如 red、blue 等)。

通过 JavaScript 代码控制颜色，本质上是通过 JavaScript 修改元素 style 属性的颜色相关样式值。如果值是固定的，即设置为固定颜色；如果值是随机的，即设置为随机颜色。

例如：下述代码将 id 为 myElement 的 HTML 元素的背景色设置为粉色。

```javascript
document.getElementById("myElement").style.backgroundColor = "pink";
```

RGBA 允许在设置颜色的同时指定透明度。示例如下：

```javascript
document.getElementById("myElement").style.backgroundColor = "rgba(255, 0, 0, 0.5)"; // 半透明的红色背景
```

也可以使用十六进制颜色代码。示例如下：

```javascript
document.getElementById("myElement").style.backgroundColor = "#FF0000"; // 红色背景
```

还可以使用 HSL 颜色模式。注意：HSL(Hue 色相，Saturation 饱和度，Lightness 亮度)是另一种表示颜色的方式。示例如下：

```
document.getElementById("myElement").style.backgroundColor = "hsl(120, 100%, 50%)"; // 草绿色背景
```

上述方法可以帮助我们在 JavaScript 中灵活地控制网页中的颜色。选择哪种方法取决于实际项目的具体需求，比如是否需要动态生成颜色，是否需要支持透明度等。

2.8.3　双重循环

所谓双重循环，是指循环体语句的内部又出现循环。双重循环语句包含两个循环控制变量，一个用于控制外层循环，一个用于控制内层循环。在每次外层循环开始时，内层循环都会从头开始，直至完成全部循环。外层循环和内层循环都可以使用 break 和 continue 控制语句来中断循环或跳过某些迭代。

双重循环语句经常用于嵌套数组或对象的遍历操作。例如，我们可以使用双重 for 循环来遍历一个二维数组，在每一轮循环中对数组的每一个元素进行操作。

【例 2-11】在网页上输出乘法口诀表。

本例可用双重循环实现。下面逐层进行分析。

(1) 乘法口诀表从 1 到 9 共计 9 行，所以外层循环变量 i 的取值范围为 1~9，由此可以确定 for 循环基本结构为

```
for(var i=1;i<=9;i++){
循环体
}
```

(2) 利用伪代码(即中文)描述循环体的内容，为内层循环的编写寻找突破口。

经分析，可知循环体(即每行)需要做的事情有 2 件：

① 打印对应行的乘法口诀和分隔符。

例如：第 3 行包含的乘法口诀为 1*3=3 2*3=6 3*3=9；

　　　两个乘法口诀之间的分隔符，即"|"。

② 换行。

(3) 找出每一行需要打印的口诀数量的规律，编写内层循环。

经观察发现，假如行号用 i 表示，列号用 j 表示，那么第 i 行需要打印的最大列数就是 i，最小列数就是 1。由此得出内层循环的主体结构为

```
for(var j=1;j<=i;j++){
内重循环体
}
```

而内层循环体就是打印一行中的可视内容：口诀和分隔符，假如生成内容用字符串 str 保存，则内层循环体具体化为如下内容。

```
str+=j+"*"+i=(i*j).toString();   // 打印口诀
str+="|"                          // 打印分割线
```

(4) 优化。

① 由于 1~9 的乘法口诀中，有的计算结果是两位数，有的计算结果是 1 位数，为了对齐输出结果，可以对输出结果为 1 位数的口诀用空格进行补齐。

② 每一行的最后一个乘法口诀右侧不打印分隔符，需要单独处理。

③ 注意，普通空格不生效，必须使用 HTML 空格。

本例完整代码如图 2-21 所示。执行效果如图 2-22 所示。

```
1   <script>
2     var num = 1;
3     var str = "";
4     for (i = 1; i <= 9; i++) {
5       for (j = 1; j <= i; j++) {
6         num = i * j;
7         str = num.toString();
8         if (num < 10) {
9           str = "  " + str;
10        }
11        if(i==j){
12          document.write(i + 'x' + j + '=' + str);
13        }else{
14          document.write(i + 'x' + j + '=' + str + ' | ');
15        }
16      }
17      document.write('<br>')
18    }
19  </script>
```

例 2-11

图 2-21 双重循环打印乘法口诀表代码

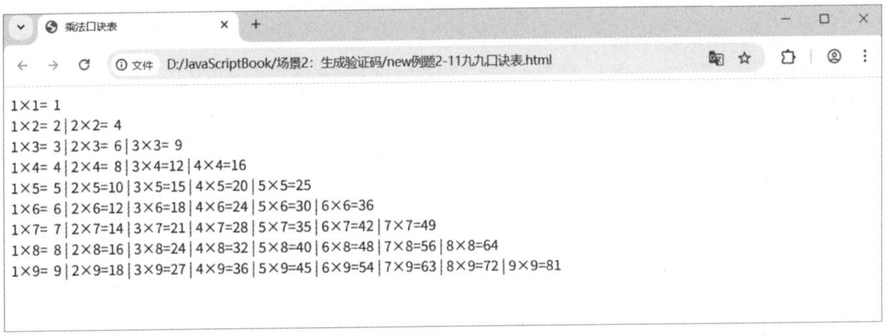

图 2-22 双重循环打印乘法口诀表执行效果

正确编写双重循环的要义是明晰双重循环的执行逻辑。很多初学者编写双重循环时会感到有些困难，其实只要弄懂原理，多多练习，就会发现双重循环也很简单。以下列举了一些双重循环的编写技巧。

(1) 双重循环要从外到内进行编写。

(2) 当情况比较复杂时，可以先写外层循环，内层循环用伪代码表示。然后再将伪代码转换为真正的代码。也就是将双重循环巧妙地转化为单重循环。

(3) 内层循环的结束条件，不仅可以为固定值，也可以为与外层循环的循环控制变量有关的表达式。即编写内层循环时，可以适当地借助外层循环的相关元素。

(4) 当用双重循环处理二维数组时，通常外层循环变量代表行号，内层循环变量代表列号。

2.9 《验证码及其应用 V3.0》编程实现

下面分步骤对《验证码及其应用 V3.0》进行实现。

(1) 创建 myCodeV3.0.html，并迅速生成代码框架：

```html
<!DOCTYPE html>
<html lang="en">
<head>
    <meta charset="UTF-8">
    <meta name="viewport" content="width=device-width, initial-scale=1.0">
    <title>Document</title>
</head>
<body>
</body>
</html>
```

(2) 修改页面标题：

```html
<title> 验证码及其应用 V3.0：中文验证码 </title>
```

(3) 在 <body></body> 标签中添加页面元素如下：

```html
 <div class="top">
     <span class="span1">验证码 :</span>
    <input type="text" id="myInput">
    <div class="span2" id="myCode" onclick="generateCode()"></div>
     <button onclick="check()"> 登录 </button>
</div>
```

(4) 在 <head></head> 标签中添加样式如下：

```css
<style>
 .top{
    display: flex;
    align-items: center;
 }
 .span1 {
   height: 23px;
   line-height: 23px;
   margin-left: 2px;
   text-align: center;
 }
 .span2 {
   display: inline;
   height: 23px;
   line-height: 23px;
   margin-left: 2px;
 }
 .myspan{
```

```
        display: inline-block;
        width: 23px;
        height: 23px;
        text-align: center;
        line-height:23px;
        font-size: 16px;
        color: white;
    }
    #myInput, button {
        height: 23px;
        width: 60px;
        box-sizing: border-box;
        display: inline-block;
        margin-left: 2px;
    }

</style>
```

(5) 在 </div> 标签下面添加 JavaScript 代码如下：

```
<script>
    // 生成指定范围内随机整数
    function getRandomNumber(n,m){
        num=Math.floor(Math.random() * (m- n + 1)) + n;
        return num;
    }
    // 生成 4 位彩色随机背景中文验证码
    function generateCode(){
        // 中文验证码。 随机从数组中抽取 4 个中国字 形成验证码；验证码素材文字可随意 DIY
        var infoStr=" 我喜欢软件开发和看电影简直不要太高兴呦 ";
        var arr=infoStr.split("");
        var max=arr.length-1;
        var str="";
        var letter="";  // 保存验证码
        document.getElementById("myCode").innerHTML="";// 清空
        for(var j=1;j<=4;j++){
            letter=arr[getRandomNumber(0,max)];// 随机挑选一个数组元素
            while(str.indexOf(letter)>-1) {// 防止重码
                letter=arr[getRandomNumber(0,max)] ;
            }
            document.getElementById("myCode").innerHTML+="<span class='myspan'
style='background-color:"+randomColor()+"'>"+letter+"</span>";
            str+=letter;
        }
    // 判定验证码合法性
    function check() {
        var inputCode = document.getElementById("myInput").value;
        var code = document.getElementById("myCode").innerText;
        if (inputCode == code) {
            alert(" 验证码正确, 允许登录! ");
        } else {
            alert(" 验证码错误，请重新输入! ");
            document.getElementById("myInput").value="";
            generateCode();
```

```
      }
    }
    // 得到随机的颜色值
    function randomColor() {
      var r = Math.floor(Math.random() * 256);
      var g = Math.floor(Math.random() * 256);
      var b = Math.floor(Math.random() * 256);
      return "rgb(" + r + "," + g + "," + b + ")";
    }
    generateCode();
  }
</script>
```

myCodeV3.0

至此，《验证码及其应用 V3.0》实现完毕。

说明：因为《验证码及其应用 V3.0》功能相对复杂，涉及多个功能的互相配合，所以，将每一个具体的单一功能都包装到函数中。其中：

● getRandomNumber(n,m) 负责生成指定范围的随机整数。

● randomColor() 利用 getRandomNumber(n,m) 函数，根据随机生成的 0~255 的 RGB 值，生成一个随机颜色。

● generateCode() 利用 randomColor() 生成 4 位彩色随机背景中文验证码。

● check() 用于完成验证码的终极使命，即对验证码的合法性进行判定。

这里重点强调一下，为了实现目标逻辑，generateCode() 内部使用了双重循环。其中，外层循环为 for 循环，内层循环为 while 循环。因为已经知道验证码的长度为 4，即符合循环次数已知的情况，所以使用 for 循环来控制生成单个验证码的次数最为合适。在每次生成单个验证码的过程中，首先检查该验证码是否在之前生成的验证码中出现（这里借助了 String 对象的 indexOf() 方法，如果有重码就继续重新生成，直至没有重码为止。这属于循环结束条件已知的情况，因此，使用 while 或者 do…while 循环比较合适，本书选择了前者。总之，外层循环控制生成次数，内层循环用于实现去重，二者配合默契，共同实现所需逻辑。

实战小贴士

合理分割和组织代码，不仅可以提高程序的可读性、可复用性和可维护性，还能降低代码的编写难度。

不建议将所有逻辑纠缠在一个代码块中，那样就像缠在一起的线头一样，越写越痛苦，越写越容易出错。写代码之前先整体布局再各个击破，看似花费了时间，实则磨刀不误砍柴工。

课后习题

一、单项选择题

1. 在 JavaScript 中，如何定义一个函数？（　　）

   A.define myFunction()

   B. func myFunction() {}

   C. def myFunction() {}

   D. function myFunction() {}

2. function checkEven(num) { return num % 2 === 0; } 的功能是（　　）。

   A. 判断给定数字是否为偶数

   B. 计算给定数字的平方

   C. 判断给定数字是否为奇数

   D. 判断给定数字是否为素数

3. 下面哪个选项用于调用一个函数？（　　）

   A. call myFunction()

   B. run myFunction()

   C. execute myFunction()

   D. myFunction()

4. 下述代码能够实现 1 到 100 之间的偶数累加，并将结果输出到控制台。那么横线上应该填写的内容为（　　）。

```
var sum=0;
for(var i=1;i<=100;__){
 if(i%2==0){
    sum+=i

  }
}
console.log(sum);
```

   A. i++;　　　　　B. i+=2　　　　　C. i--;　　　　　D. i+=3

5. 下述代码能够实现 1 到 100 之间的奇数累加，并将结果输出到控制台。那么横线上应该填写的内容为（　　）。

```
var sum=0;
for(var i=1;i<=100;__){
    sum+=i

   }
}
console.log(sum);
```

   A. i++;　　　　　B. i+=2　　　　　C. i--;　　　　　D. i+=3

6. var i=1; while (i<=4;){ console.log('*'); i++; } 在控制台显示（　　）个 *。

   A. 1　　　　　B. 4　　　　　C. 5　　　　　D. 2

二、问答题

1. JavaScript 中的 for 循环、while 循环和 do...while 循环有哪些异同点？

2. 强行终止循环有哪些方式？各自产生的效果是什么？

3. 数组和字符串之间可以借助哪两个函数进行互转？请编程举例说明。

4. 什么是 JavaScript 函数？它能给编程带来怎样的效果？

三、编程实践题

1. 求 1 到 100 之间的奇数累加，分别利用 for、while、do...while 循环实现。

2. 分别使用 for、while、do...while 循环在屏幕上显示 20 颗绿色的星星。

3. 分别使用 for、while、do...while 循环在屏幕上显示有规律的数字，比如 65~91。

4. 分别使用 for、while、do...while 循环在屏幕上依次显示 26 个英文小写字母。

5. 分别使用 for、while、do...while 循环在屏幕上显示无规律的小写英文字母。

6. 结合本主题所学知识，编写 6 位字母验证码。

7. 结合本主题所学知识，制作一款 4 位小写字母验证码。

8. 结合本主题所学知识，制作一款 4 位大小写字母和数字混搭的验证码，不区分大小写。

9. 本题为拓展习题，要求制作一款 4 位不区分大小写字母验证码，要求背景有随机噪点。(提示：本主题采用技术是直接将生成的验证码赋给 span 元素，重点在于 JavaScript 基础知识讲授。本题要求有噪点，就要使用 Canvas 绘图将验证码绘制出来，在绘制的过程中加入噪点。所谓噪点，就是指随机位置出现的随机颜色的点。感兴趣的读者可自行查阅 Canvas 绘图相关知识。)

10. 打印由数字 1~9 构成的数字三角，可参考图 2-23 所示效果。

11. 打印由绿色星星构成的卡通树，可参考图 2-24 所示效果。(提示：双重循环＋样式表)

```
        1
       2 2 2
      3 3 3 3 3
     4 4 4 4 4 4 4
    5 5 5 5 5 5 5 5 5
   6 6 6 6 6 6 6 6 6 6 6
  7 7 7 7 7 7 7 7 7 7 7 7 7
 8 8 8 8 8 8 8 8 8 8 8 8 8 8 8
9 9 9 9 9 9 9 9 9 9 9 9 9 9 9 9 9
```

图 2-23 数字三角

```
        ★
       ★★★
      ★★★★★
     ★★★★★★★
        ★★
        ★★
       ★★★
      ★★★★★
     ★★★★★★★
    ★★★★★★★★★
   ★★★★★★★★★★★
  ★★★★★★★★★★★★★
 ★★★★★★★★★★★★★★★
        ★★★
        ★★★
        ★★★
        ★★★
        ★★★
        ★★★
        ★★★
```

图 2-24 卡通树

实战主题 ③

网站换肤

　　网站换肤是很多网站必备的功能之一，即通过简单的用户设置，甚至是智能设置，让网站瞬间完成不同风格的转换。例如：

- 在某些特殊的日子，比如 9 月 18 日，我国绝大多数网站的管理员都会将自己的网站风格设置成黑白色调，用程序员特有的方式来表达哀思，纪念"九一八"事变，号召国人牢记历史，爱我中华。
- 很多电子邮箱页面为用户提供了丰富多彩的皮肤，以满足不同用户对于色彩的个性化追求。
- 很多银行或者证券机构都提供了无障碍面板，其中包含大字版和普通版等多种风格，以适应老年人和年轻人、正常人群和残障人士的不同使用需求。

　　那么，这种网站换肤效果是如何实现的呢？本主题将通过三个版本的 JavaScript 迭代实现，带领读者揭开网站换肤效果的神秘面纱。同时，读者还将在如下几个方面有所收获。

▎知识目标

- ➤ 了解 DOM 的概念。
- ➤ 掌握获取页面元素的常用方法。
- ➤ 掌握获取与设置页面元素属性的常用方法。
- ➤ 掌握操作 DOM 节点的常用方法。
- ➤ 掌握获取单选按钮和下拉框选中状态的方法。
- ➤ 掌握 JavaScript 事件驱动的编程方法。
- ➤ 掌握以代码方式为页面元素绑定事件的方法。

▋能力目标

➤ 能够使用 JavaScript DOM 知识来获取页面元素。

➤ 能够使用 JavaScript DOM 知识来修改页面元素外观和内容。

➤ 能够使用 JavaScript DOM 知识来创建、挂载和删除页面节点。

➤ 能够使用基于事件驱动的编码模型来设计代码。

▋素养目标

➤ 培养基于事件驱动的软件设计思想。

➤ 提升软件设计的用户体验维度。

➤ 培养和践行精益求精的工匠精神。

➤ 培养良好的编码习惯和编码风格。

➤ 培养软件复用思想。

➤ 培养思考与分析能力。

▋思维导图

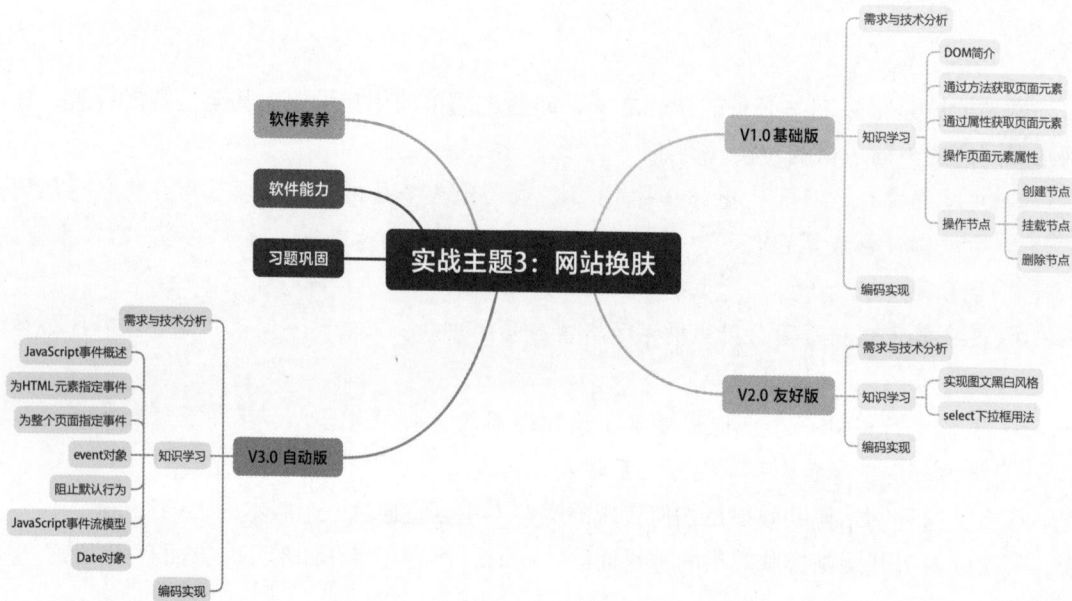

3.1 《网站换肤 V1.0》需求与技术分析

《网站换肤 V1.0》属于基础版本，主要目的是让读者了解网站换肤的基本原理，并掌握使用 DOM 相关知识操控网页的基本技能。下面将从任务描述、任务效果和技术分析三个方面展开介绍。

3.1.1 《网站换肤 V1.0》任务描述

《网站换肤 V1.0》的任务需求相对简单，网页内容为纯文字。当用户单击页面上代表不同颜色的单选按钮时，网站风格将在三种风格中进行切换。从本质上来讲，本任务中的网站风格为前景色和背景色的组合。

3.1.2 《网站换肤 V1.0》任务效果

《网站换肤 V1.0》任务效果如图 3-1 所示。

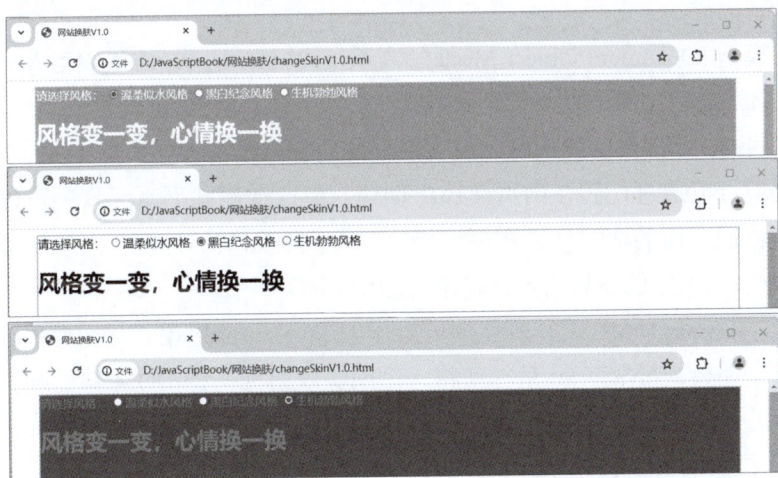

图 3-1 《网站换肤 V1.0》任务效果

3.1.3 《网站换肤 V1.0》技术分析

众所周知，样式表可以修改网页的前景色和背景色。那么，是否可以提前做好若干个不同风格的样式，然后根据用户对于页面风格的选择，使用 JavaScript 动态切换页面风格呢？

答案是可以！事实上，这就是网站换肤基本的实现原理。那么，如何用 JavaScript 修改样式呢？这需要解决以下问题。

(1) 如何将网页拆解为一个个离散的可控对象，从而使得 JavaScript 代码能够对它们进行灵活操控？

对应知识：DOM(文档对象模型)。

(2) 如何获取某个可控页面对象以便进行内容存放？

对应知识：JavaScript DOM 之 获取页面元素。

(3) 如何获取用户对于风格的选择，即哪个单选按钮被选中？

对应知识：JavaScript DOM 之 获取页面元素属性。

(4) 如何修改一个页面元素的样式值？

对应知识：JavaScript DOM 之 修改页面元素属性。

3.2 《网站换肤 V1.0》知识学习

DOM 是 JavaScript 三大组成部分之一，也是操控网页内容的关键所在。有了这部分知识的帮助，读者可以轻松实现各种网页效果，如悬停变换、级联菜单、网页特效等。下面重点对 DOM 的相关知识进行介绍。

3.2.1 DOM 简介

文档对象模型 (Document Object Model，简称 DOM)，是 W3C 组织推荐的处理可扩展标记语言 (HTML 或者 XML) 的标准编程接口。迄今为止，W3C 已经定义了一系列的 DOM 接口。利用这些 DOM 接口，我们可以改变网页的内容、结构和样式。

例如，我们可以通过代码在网页文档中创建、更改或删除网页元素；可以为网页元素绑定事件，以增加页面的交互性；还可以修改已有网页元素的外观、内容、显隐等。可以说，有了 DOM，网页中的一切内容皆在掌控之中。

DOM 的作用是将 HTML 文档转化为可操作的 JavaScript 对象，从而使得编程者能够访问和处理网页。那么，JavaScript 是如何将一个网页映射为一棵 DOM 树的呢？下面通过一个简单的例子进行说明。

【例 3-1】根据网页生成对应的 DOM 树。

示例代码如图 3-2 所示，其对应的 DOM 树如图 3-3 所示。

例 3-1

```
1   <!DOCTYPE html>
2   <html lang="en">
3   <head>
4       <meta charset="UTF-8">
5       <title>DOM树</title>
6   </head>
7   <body>
8       <div>
9           <span>用户名</span>
10          <input type="text" id="userName" />
11      </div>
12  </body>
13  </html>
```

图 3-2 DOM 树案例代码

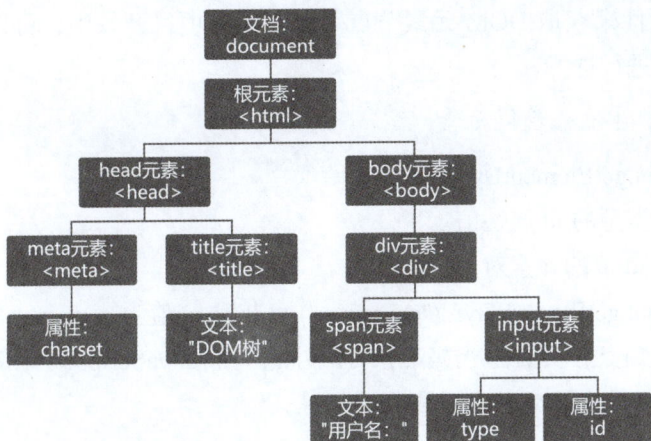

图 3-3　DOM 树

根据 W3C 的 HTML DOM 标准，HTML 文档中的所有内容都是节点。

- 整个文档是一个文档节点 (document 节点)。
- 每个 HTML 元素都是元素节点。
- HTML 元素内的文本是文本节点。
- 每个 HTML 属性都是属性节点。
- 注释是注释节点。

每一类节点都具有 nodeType、nodeName、nodeValue 三个属性，且值各不相同。具体内容如表 3-1 所示。

表 3-1　节点属性

节点类型	nodeType	nodeName	nodeValue
元素节点	1	大写标签名	null
属性节点	2	属性名	属性值
文本节点	3	#text	文本内容
注释节点	8	#comment	注释的文本内容
Document	9	#document	null

其中，

- nodeType：节点的类型，只读，不同节点的 nodeType 为不同整数值。实际应用中，可以利用节点的 nodeType 判断节点隶属于哪种类型。
- nodeName：节点名称，只读，元素节点的名称用大写形式的标签名表示。
- nodeValue：属性节点的值、文本节点或 Comment(注释) 节点的文本内容，可读可写。

实际项目开发中经常用到的节点有元素节点、属性节点和文本节点。

3.2.2　通过方法获取页面元素

要想操作一个页面元素，首先需要获取它。JavaScript 通过 document 对象和 element 对象提供的方法和属性来获取 DOM 元素节点。在实际的项目开发中，可以根据具体需求及自己的编程喜好来进行选择。

1. 根据元素的 id 值来获得元素

语法：documen.getElementById()。

参数：字符串类型的 id 属性值。

返回值：对应 id 值的元素对象。

例如：document.getElementById("container") 可获取 id 值为 container 的页面元素。

注意：使用此函数，要留意代码的执行顺序，如果 JavaScript 代码放在 HTML 结构之前，会导致结构未加载，不能获取对应 id 的元素。

2. 根据 name 值来获取具有相同 name 值的所有元素

语法：document.getElementsByName()(注意，这里是 Elemets，复数形式)。

参数：字符串类型的 name 属性值。

返回值：name 属性值相同的元素对象组成的集合 (以伪数组的形式存储)。

例如：document.getElementsByName("styleChoice") 可获取 name 值为 styleChoice 的所有页面元素。

3. 根据标签名来获取具有相同标签值的所有元素

语法：document.getElementsByTagName()。

参数：字符串类型的标签名。

返回值：同名的元素对象组成的集合 (以伪数组的形式存储)。

例如：document.getElementsByTagName("input") 可以获取页面上所有 input 元素。

4. 根据选择器来获取具有相同选择器的元素

语法 1：document.querySelector()。

参数：字符串类型的 CSS 选择器的值，如：.box 、#nav 、div 等。

返回值：第一个符合条件的标签元素。

例如：document.querySelector("div") 可以获取页面中第一个出现的 div 元素。

语法 2：document.querySelectorAll()。

参数：字符串类型的 CSS 选择器的值，如：.box 、#nav 、div 等。

返回值：所有符合条件的标签元素集合 (以伪数组的形式存储)。

例如：document.querySelectorAll("div") 可以获取页面中的所有 div 元素。

注意：需要将 JavaScript 代码放在 HTML 结构之后。

3.2.3　通过属性获取页面元素

根据 DOM 树上各个节点之间的层级关系，通过节点的相关属性也可以实现页面元素的获取。从这些属性的命名可知，DOM 树被拟人化为一棵家族树，具体如下。

(1) lastChild：返回最后一个子节点。

(2) firstChild：返回第一个子节点。

(3) childNodes：用于获取某个节点下的子节点集合，返回值为 NodeList 对象。

(4) children：用于获取某个节点下的所有 HTML 元素集合，返回结果为 HTMLCollection。

(5) attributes：节点上的属性节点的集合，封装在一个伪数组中。

(6) parentNode：返回父节点。

(7) nextElementSibling：返回下一个兄弟节点。

(8) previousElementSibling：返回上一个兄弟节点。

【例 3-2】根据属性获取页面元素，核心代码如图 3-4 所示，执行效果如图 3-5 所示。

```
1   <body>
2       <div id="container">
3           <div id="poem">
4               <h1>咏鹅</h1>
5               <p>鹅，鹅，鹅</p>
6               <p>曲项向天歌。</p>
7               <p>白毛浮绿水</p>
8               <p>红掌拨清波</p>
9           </div>
10      </div>
11      <script>
12          var divNode=document.getElementById("poem");
13          console.log(divNode.childNodes);
14          console.log(divNode.children);
15          console.log(divNode.parentNode);
16          console.log(divNode.attributes[0].nodeValue);
17      </script>
18  </body>
```

图 3-4　根据属性获取页面元素核心代码

图 3-5　根据属性获取页面元素执行效果

其中：

第 12 行代码获取了 id 值为 poem 的 div 元素节点并保存到 divNode 变量中。

第 13 行代码将第 12 行获取的 div 元素节点的所有子节点输出到控制台上。

第 14 行代码将第 12 行获取的 div 元素的所有 HTML 元素子节点输出到控制台上。

第 15 行代码将第 12 行获取的 div 元素节点的父节点输出到控制台上。

第 16 行代码将第 12 行获取的 div 元素节点的第 1 个属性 (即 id 属性值) 输出到控制台。

注意: childNodes 属性用于获取页面元素节点的所有子节点，包括可视的和不可视的。而 children 属性只返回 HTML 元素子节点，二者的返回值类型也并不相同。编程者在实践中一定要根据需求注意区分。

3.2.4　操作页面元素属性

1. 操作页面元素属性的方法

获取页面元素之后，可以使用多种方法对其属性进行操作。例如：通过修改 class 属性的值，实现样式的改变；通过修改 innerHTML 的值，实现内容的改变；通过修改 src 属性的值，实现图片源的改变。

操作页面元素的方法如下：

(1) getAttribute() 方法：用于获取元素节点的某个属性 (包括自定义属性)。

(2) setAttribute() 方法：用于设置元素节点的某个属性 (包括自定义属性)。

(3) removeAttribute() 方法：用于移除元素节点的某个属性 (包括自定义属性)。

例如：要想获取第一个 div 的 class 属性值，可以通过下面的代码实现：

```
document.querySelector("div").getAttribute("class");
```

要想将第一个 div 的 class 属性值设置为 .black 选择器所指定的样式，可以通过下面的代码实现：

```
document.querySelector("div").setAttribute("class","black");
```

要想移除第一个 div 的 class 属性值，可以通过下面的代码实现：

```
document.querySelector("div").removeAttribute("class");
```

2. 操作页面元素属性需要注意的问题

对属性的操作，有以下几点需要注意。

(1) 直接通过 . 属性名的方式也可以获取元素节点的属性，而且更加简洁，但是这种方式无法获取自定义属性的值。

(2) 对于自定义属性的值，只能通过 getAttribute( ) 函数获取。

(3) 如果想通过 . 属性名的方式修改 class 的值，属性名需要使用 className，而非 class。

【例 3-3】请编程实现：点击图片，图片放大一倍；再次点击图片，图片缩小一倍。总之，用户通过点击实现图片在大图和原图之间切换。案例的完整代码如图 3-6 所示，执行效果如图 3-7 所示。

本例要求实现用户点击图片时，图片在大图和小图之间切换，即当图片为大图时，点击该图片就变成小图；当图片为小图时，点击该图片就变成大图。那么如何知道图片是大图还是小图呢？本例采用样式表来规定小图的尺寸（这里为 50px*50px）；通过图片元素的 offsetWidth 属性和 offsetHeight 属性分别获取图片的宽度和高度。

```
1   <!DOCTYPE html>
2   <html lang="en">
3   <head>
4       <meta charset="UTF-8">
5       <meta name="viewport" content="width=device-width, initial-scale=1.0">
6       <title>Document</title>
7       <style>
8           img{
9               width: 50px;
10              height: 50px;
11          }
12      </style>
13      </style>
14  </head>
15  <body>
16      <img src="./logo.png" alt="" id="aimg">
17      <script>
18          var aimg = document.querySelector('#aimg');
19          aimg.onclick = function(){
20              if(aimg.offsetWidth<100){
21                  aimg.style.width = aimg.offsetWidth*2+ 'px';
22                  aimg.style.height=aimg.offsetHeight*2+ 'px';
23              }else{
24                  aimg.style.width = aimg.offsetWidth/2+ 'px';
25                  aimg.style.height=aimg.offsetHeight/2+ 'px';
26              }
27          }
28      </script>
29  </body>
30  </html>
```

图 3-6　图片放大缩小案例代码

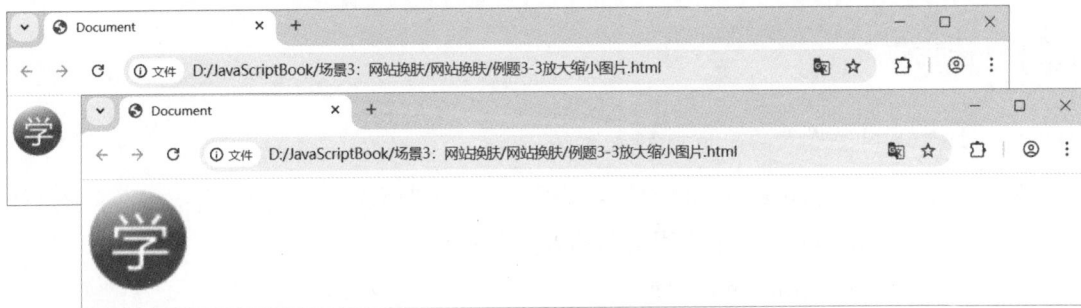

图 3-7　图片放大缩小执行效果

本例的核心思路和实现效果在编写项目操作手册时很有用处。视力好的用户可以查看原图，视力差的用户可以查看大图，这样就能很好地兼容更多不同视力情况的用户，从而提升用户使用体验。

3.2.5　创建节点

在 JavaScript 中，使用 DOM 生成页面元素是一种常见的动态修改网页内容方式。document 提供了不同的方法用于创建不同种类的节点。

1. 创建元素节点

document 对象的 createElement() 方法用于创建一个元素节点，参数为该元素对应的 HTML 标签。

例如：

```
var aButton=document.createElement("button");    // 创建一个新的 <button> 元素
aButton.innerText="1";                            // 修改按钮属性，使其显示数字 1
```

2. 创建文本节点

document 对象的 createTextNode() 方法用于创建一个文本节点，参数为文本节点显示内容。

例如，下述代码可以生成一个显示内容为 1 的按钮：

```
var aText=document.createTextNode("1");           // 创建一个内容为 1 的文本节点
```

3. 创建属性节点

document 对象的 createAttribute() 方法用于创建一个新的属性节点，并返回该节点，参数为属性的名称。

例如：下述代码可以生成一个 class 属性，并将返回值赋给 myAttribute 变量。

```
var myAttribute=document.createAttribute("class");
```

如果将该属性追加到某个元素节点，该节点将拥有 class 属性。如果随后对该节点的 class 属性进行赋值，则该节点的 CSS 样式将会改变，外观也会随之改变。

3.2.6 挂载节点

1. 挂载节点到父节点的子节点列表末尾

使用 DOM 元素的 appendChild() 方法，可以将一个节点添加到指定父节点的子节点列表末尾，该方法也是实际项目中应用最多的方法之一。

语法：document.appendChild(newNode)。

其中，newNode 为要添加的新节点。

例如：下述代码生成了一个带有数字 1 的按钮，并将其挂载到 id 值为 btns 的 HTML 元素上。

```
var aButton=document.createElement("button");         // 创建一个新的 <button> 元素
aButton.innerText="1";                                 // 修改按钮属性使其显示数字 1
document.getElementById("btns").appendChild(aButton);  // 追加节点
```

对于批量生成 HTML 元素的需求而言，使用代码创建节点并追加节点的方式，可以大大节省页面搭建时间。

【例 3-4】通过 DOM 函数生成计算器界面。案例的执行效果如图 3-8 所示，样式表如图 3-9 所示，核心代码如图 3-10 所示。

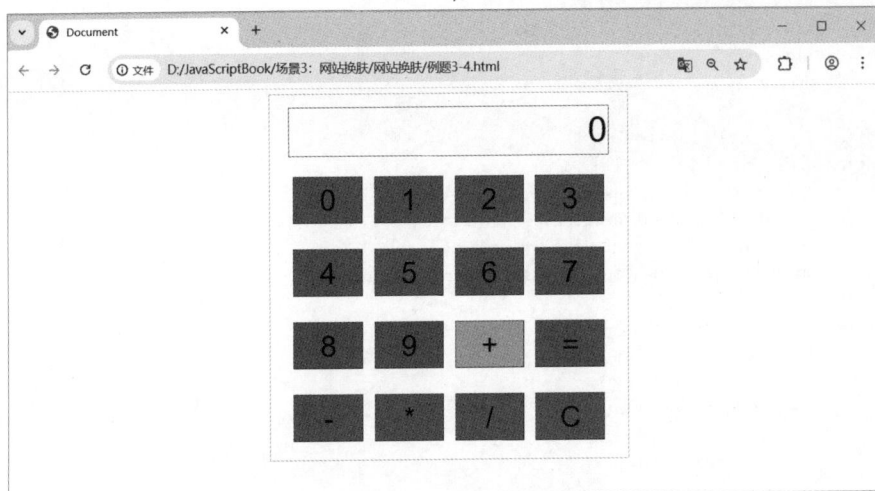

图 3-8　通过 DOM 函数生成计算器界面执行效果

```
1   <style>
2       .container {
3           width: 600px;
4           margin:0 auto;
5       }
6   #btns{
7           width: 600px;
8           min-height: 600px;
9           border: 1px solid #ccc;
10          display: flex;
11          align-items: center;
12          justify-content: center;
13          flex-wrap: wrap;
14          padding: 10px;
15      }
16      input {
17          text-align: right;
18          width: 550px;
19          height: 80px;
20          line-height:80px;
21          font-size: 60px;
22      }
23      button{
24          width: 120px;
25          height: 80px;
26          line-height: 80px;
27          text-align: center;
28          font-size:50px;
29          margin: 10px;
30          background-color: green;
31      }
32      button:hover {
33          background-color: orange;
34      }
35  </style>
```

例 3-4

图 3-9　通过 DOM 函数生成计算器界面样式表

```
1    <div class="container">
2        <div id="btns">
3            <input type="text" value="0">
4        </div>
5    </div>
6    <script>
7        function createButton(text) {
8            var btn = document.createElement("button");
9            btn.innerHTML = text;
10           document.getElementById("btns").appendChild(btn);
11       }
12       function createButtons() {
13           for (var i = 0; i <= 15; i++) {
14               if (i <= 9) {
15                   createButton(i);
16               } else if (i == 10) {
17                   createButton("+");
18               } else if (i == 11) {
19                   createButton("=");
20               }else if (i == 12) {
21                   createButton("-");
22               }else if (i == 13) {
23                   createButton("*");
24               }else if (i == 14) {
25                   createButton("/");
26               }else if (i == 15) {
27                   createButton("C");
28               }
29           }
30       }
31       createButtons()
32   </script>
```

图 3-10　通过 DOM 函数生成计算器界面核心代码

下面对核心代码进行简单介绍。

- 第 1~5 行为 HTML 编码，其中，外层 div 用于实现布局整体居中，内层 div 用于存放文本框和各个按钮。
- 第 7~11 行代码定义了一个函数 createButton ()，该函数能够根据传进来的参数创建一个按钮，并将新创建的按钮上的文字设置为传进来的参数，按钮创建完毕后，利用第 10 行代码将其挂载到内层 div 上。
- 第 12~30 行代码创建了 createButtons() 函数，该函数通过调用 createButton () 函数来创建 0~9 以及 +、-、*、/、=、C 这几个按钮。
- 第 31 行代码调用 createButtons() 函数来真正生成按钮。注意：函数只定义不调用是不会执行的。

2. 其他节点挂载方式

除了将节点挂载到父节点的子节点末尾，也可以将其挂载到其他位置。例如：

- insertBefore() 方法可以在指定的子节点之前插入一个节点。
- replaceChild() 方法用于替换子节点。虽然这不直接用于"追加"节点，但它可以用来替换现有的节点。

- insertAdjacentHTML() 方法用于在 DOM 中插入 HTML 内容。该方法比传统的 innerHTML 方法更加灵活，因为它允许在指定的位置插入 HTML 标签语句，且不会破坏现有的 DOM 结构。

下面以 insertAdjacentHTML() 方法为例进行介绍。

insertAdjacentHTML 方法的语法如下：

```
element.insertAdjacentHTML(position, text)
```

其中：

第一个参数 position 用于指定插入位置，可以是以下四个值之一。

- beforebegin：插入到元素的开始标签之前。
- afterbegin：插入到元素的开始标签之后。
- beforeend：插入到元素的结束标签之前。
- afterend：插入到元素的结束标签之后。

第二个参数 text 用于指定要插入的 HTML 内容字符串。

【例 3-5】使用 insertAdjacentHTML() 方法动态插入 HTML 内容。

示例的完整代码如图 3-11 所示，执行效果如图 3-12 所示。

```
1  <!DOCTYPE html>
2  <html lang="en">
3
4  <head>
5      <meta charset="UTF-8">
6      <meta name="viewport" content="width=device-width, initial-scale=1.0">
7      <title>Document</title>
8      <style>
9          .root {
10             width: 300px;
11             min-height: 300px;
12             border: solid 1px red;
13             margin: 0 auto;
14         }
15         .box {
16             width: 100px;
17             height: 100px;
18             border: solid 1px blue;
19         }
20     </style>
21 </head>
22
23 <body>
24     <div class="root"> </div>
25     <script>
26         var root = document.querySelector(".root") // 获取父盒子
27         for (var i = 1; i <= 3; i++) {
28             root.insertAdjacentHTML("afterbegin", "<div class='box'>"+i+"</div>");
29         }
30     </script>
31 </body>
32
33 </html>
```

例 3-5

图 3-11 insertAdjacentHTML() 示例代码

091

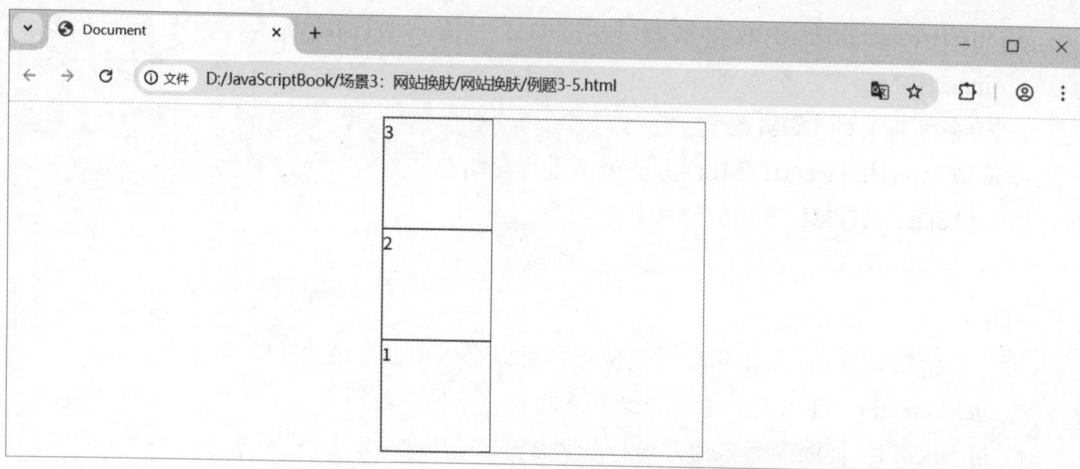

图 3-12　insertAdjacentHTML() 案例执行效果

如果将第 28 行代码中的参数 afterbegin 修改为 beforeend，则执行效果如图 3-13 所示。

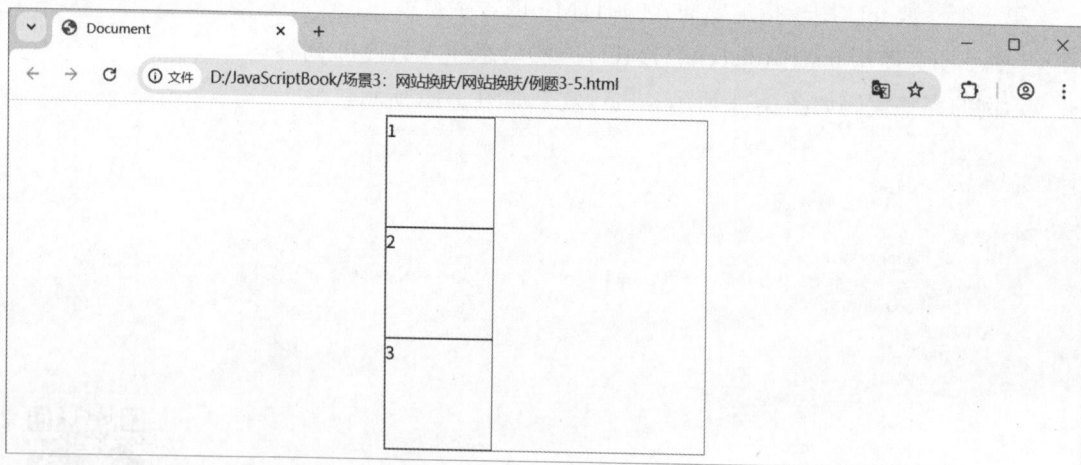

图 3-13　insertAdjacentHTML() 案例修改后执行效果

3.2.7　删除节点

document 对象的 removeChild() 方法用于从 DOM 中删除一个子节点，并返回删除节点。

语法：parentNode.removeChild(childNode);

例如，下述代码可以将无序列表的第一个 li 移除。

```
var ul = document.querySelector('ul');
ul.removeChild(ul.children[0]);
```

【例 3-6】编程实现简易快递分区配置系统。假如一家快递公司承接了保定市某些辖区的快递业务，需要对地址进行重新动态配置。该系统可以删除一个辖区，也可以动态添加一个辖区。案例的执行效果如图 3-14 所示，核心代码如图 3-15 所示。

本例使用 select 下拉框来存放行政辖区。当单击"删除"按钮时，执行 del() 中的删除辖区操作。当单击"添加"按钮时，执行 add() 函数中的添加辖区操作。其中，第 9~23 行代码通过 for 循环遍历 id 值为 address 的下拉框的选项，找到当前选项并通过其父节点进行删除。用到的基本知识就是添加节点、挂载节点和删除节点。

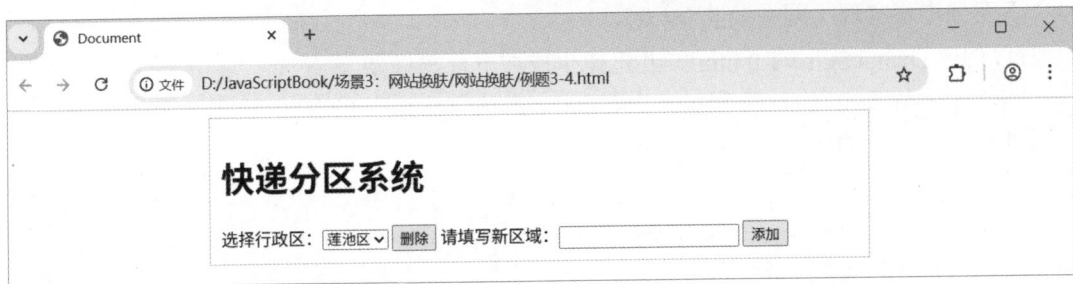

图 3-14　快递分区系统执行效果

```
1   <div class="container">
2       <h1>快递分区系统</h1>
3       选择行政区：<select name="" id="address">
4           <option value="莲池区" selected>莲池区</option>
5           <option value="竞秀区">竞秀区</option>
6           <option value="高新区">高新区</option>
7           <option value="南市区">南市区</option>
8       </select>
9       <button onclick="del()">删除</button>
10      请填写新区域：<input type="text" id="newArea">
11      <button onclick="add()">添加</button>
12  </div>
13
14  <script>
15      function del(){
16          var area = document.getElementById("address");
17          var optArr=area.getElementsByTagName("option");
18          for(var i=0;i<optArr.length;i++){
19              if(optArr[i].selected){
20                  area.removeChild(optArr[i]);
21              }
22          }
23      }
24      function add(){
25          var areas=document.getElementById("address");
26          var newArea=document.querySelector("input").value.trim();
27          var opt=document.createElement("option");
28          opt.value=newArea;
29          opt.innerText=newArea;
30          areas.appendChild(opt);
31      }
32  </script>
```

例 3-6

图 3-15　快递分区系统核心代码

093

3.3 《网站换肤 V1.0》编程实现

下面分步骤实现《网站换肤 V1.0》。

(1) 创建 changeSkinV1.0.html，并迅速生成如下代码框架。

```
<!DOCTYPE html>
<html lang="en">
<head>
    <meta charset="UTF-8">
    <meta name="viewport" content="width=device-width, initial-scale=1.0">
    <title>Document</title>
</head>
<body>
</body>
</html>
```

(2) 在 <head></head> 区域修改 title，添加样式：

```
<title> 网站换肤 V1.0</title>
    <style>
        #container{
            width: 1000px;
            height: 500px;
            border: solid 2px #ccc;
            margin: 0 auto;
    }
        .black{
            background-color: white;
            color:black;
        }
    .orange{
      background-color: orange;
      color:white;
    }
    .green{
      background-color: green;
      color:rgb(233, 132, 132);
    }
</style>
```

(3) 在 <body></body> 区域添加如下代码：

```
<div class="orange" id="container">
    请选择风格：
  <input type="radio" name="styleChoice" checked onchange="changeStyle()"> 温柔似水风格
  <input type="radio" name="styleChoice" onchange="changeStyle()"> 黑白纪念风格
  <input type="radio" name="styleChoice" onchange="changeStyle()"> 生机勃勃风格
  <h1> 风格变一变，心情换一换 </h1>
</div>
<script>
    function changeStyle(){
        var myDiv=document.querySelector("div");
```

```
            var myStyles=document.getElementsByTagName("input");
            if(myStyles[0].checked){
                myDiv.className="orange";
            }else if(myStyles[1].checked){
                myDiv.className="black";
            }else{
                myDiv.className="green";
            }
        }
</script>
```

changeSkinV1.0

至此，《网站换肤 V1.0》实现完毕。

代码说明：因为网站风格选项是互斥的，所以表示网站风格的三个单选按钮必须设置为相同的 name 值，只有 name 值相同的单选按钮才具有互斥的特性。由于网页必须是三种风格之一，所以需要为单选按钮设置默认选项。这些小细节在真正的实战开发中不可忽视，正所谓细节决定成败。

3.4 《网站换肤 V2.0》需求与技术分析

《网站换肤 V1.0》版本虽然能实现换肤功能，但是存在以下三个缺陷。

(1) 换肤选项比较占用空间。在内容密集型网页中，空间尤为宝贵。

(2) 操作标志不明显。明显的操作标志能够提升用户使用体验，尤其是对于一些老年人或残障人士而言。

(3) 只有文字，没有图片。例如，每年 9 月 18 日的黑白纪念风格需调整网站 logo 及其他图片的颜色。

下面针对上述三项内容进行完善。

3.4.1 《网站换肤 V2.0》任务描述

《网站换肤 V2.0》项目的主要目标是提升用户使用体验，具体内容如下。

(1) 选择合适的元素，以达到节省空间的目的。

(2) 增加确认按钮，当用户单击该按钮时，完成换肤操作，以达到醒目效果。

(3) 增加 logo 换色效果。

3.4.2 《网站换肤 V2.0》任务效果

《网站换肤 V2.0》任务效果如图 3-16 所示。

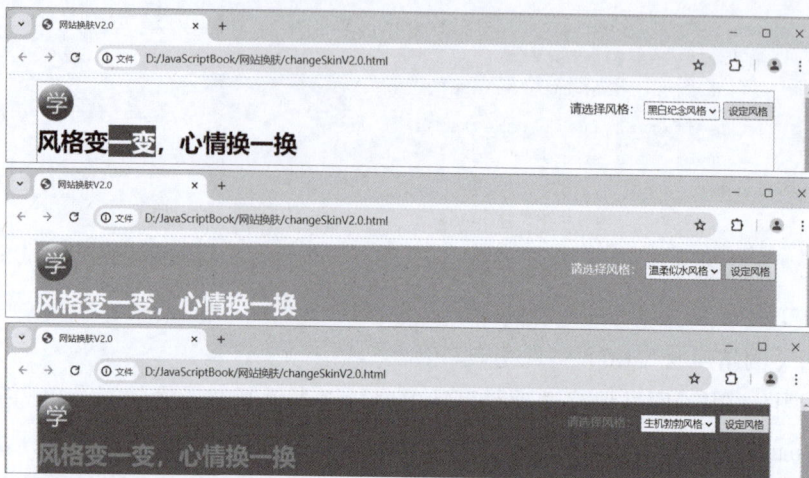

图 3-16 《网站换肤 V2.0》任务效果

3.4.3 《网站换肤 V2.0》技术分析

《网站换肤 V2.0》增加了 logo 图片，由此引入三个新的任务：

(1) 重新布局。

(2) 重新编写黑白纪念风格的样式，增加图片变为黑白图片的效果。

(3) 引入下拉框元素实现皮肤选项折叠，以达到节省空间的目的。

3.5 《网站换肤 V2.0》知识学习

为了满足《网站换肤 V2.0》的需求，必须有新知识的加入，下面逐一进行介绍。

3.5.1 实现图文黑白风格

一个典型的网页通常由 HTML、CSS 和 JavaScript 三部分组成：HTML 负责网页结构，CSS 负责网页外观，JavaScript 负责网页交互。实现某种网页效果不一定都是通过 JavaScript 代码完成的，如果 CSS 能够解决问题，照样可以采用。因此，读者在编写符合需求的代码时，可以多种思路并举，选取最方便的那个作为实现方案。

要想实现网页图文黑白风格，可以将所有网页内容放到一个 div 容器中，然后对该 div 容器设置黑白风格样式，进而实现所有内容呈现黑白效果。

使用 CSS3 的 filter(滤镜) 样式可以让网页呈现黑白风格的效果，具体设置如下：

```
filter: grayscale(100%);
```

其中，grayscale 的效果是使图片变灰，数值范围是 0~1，1 表示完全变灰，呈现黑白效果，0 表示没有效果。

3.5.2　使用 select 下拉框

select 下拉框可以实现选项下拉效果，是能够满足单选需求且节省空间的首选页面元素，在实际应用中有很多使用场景，如快递地址选择、支付方式选择等。

下面是一个经典的 select 下拉框的 HTML 编码：

```
<select id="styles">
    <option value="orange" selected>温柔似水风格 </option>
    <option value="black" >黑白纪念风格 </option>
    <option value="green">生机勃勃风格 </option>
</select>
```

其中，option 为下拉选项，value 为选项的值，它们是为程序员准备的；标签中间的文字用于显示选项所代表的内容，它是为用户准备的。selected 属性表明该选项当前处于默认选中状态。select 下拉框的各个选项之间是互斥的，同一时刻只能有一个选项处于选中状态。

select 下拉框的 value 值即为当前处于选中状态的 option 选项的 value 值。对于上述代码，获取下拉框选项值的语法如下：

```
var myStyle=document.getElementById("styles").value;
```

3.6　《网站换肤 V2.0》编程实现

明晰了需求，确定了技术，学习了知识，下面开始分步骤实现《网站换肤 V2.0》。

(1) 创建 changeSkinV2.0.html，并迅速生成如下代码框架：

```
<!DOCTYPE html>
<html lang="en">
<head>
    <meta charset="UTF-8">
    <meta name="viewport" content="width=device-width, initial-scale=1.0">
    <title>Document</title>
</head>
<body>
</body>
</html>
```

(2) 修改页面标题：

```
<title>网站换肤 V2.0</title>
```

(3) 添加样式：

```
<style>
    #container{
        width: 1000px;
        min-height: 500px;
        border: solid 2px #ccc;
        margin: 0 auto;
    }
```

```
        .topLeft{
            float: left;
        }
        .topRight{
            float:right;
            line-height: 50px;
        }
        .content{
            clear: both;
        }
    select{
            height: 23px;
        }
        .logo{
            width: 50px;
            height:50px;
        }
        .black{
            filter: grayscale(100%);
        }
        .orange{
            background-color: orange;
            color:white;
        }
        .green{
            background-color: green;
            color:rgb(233, 132, 132);
        }
</style>
```

(4) 在 \<body>\</body> 标签中添加页面元素如下：

```
<div class="orange" id="container">
<div class="topLeft">
    <img src="./logo.png" class="logo" alt="logo" >
</div>
<div class="topRight">
    请选择风格：
    <select id="styles">
        <option value="orange" selected>温柔似水风格 </option>
        <option value="black" >黑白纪念风格 </option>
        <option value="green">生机勃勃风格 </option>
    </select>
    <button onclick="changeStyle()"> 设定风格 </button>
</div>
<div class="content">
    <h1>风格变一变，心情换一换 </h1>
</div>
</div>
```

(5) 在最后一个 \</div> 标签下面添加 JavaScript 代码：

```
<script>
        function changeStyle(){
            var myDiv=document.querySelector("div");// 获取容器
```

```
var myStyle=document.querySelector("select").value;// 获取下拉框选项
switch(myStyle){
    case "black":
        myDiv.className="black";
        break
    case "orange":
        myDiv.className="orange";
        break
    case "green":
        myDiv.className="green";
        break
    }
}
</script>
```

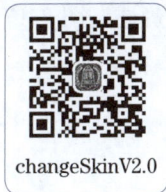

changeSkinV2.0

至此,《网站换肤 V2.0》实现完毕。

> **实战小贴士**
>
> "擒贼先擒王"的策略在软件设计上也可以使用。当需要对很多琐碎的内容进行操控时,不妨考虑对其所在的父容器进行操控,进而通过继承的方式影响到所有子内容。编写软件的过程,实际上也是建模的过程。好的方案能够达到事半功倍的效果。

3.7　《网站换肤 V3.0》需求与技术分析

《网站换肤 V2.0》在功能及用户体验上有了一定的改进,但仍有提升空间。例如,每年的 9 月 18 日,网站都会以黑白风格呈现。那么既然时间固定,样式固定,为什么还需要手动操作呢?采用智能设置不是更好吗?

软件存在的意义之一,就是最大化地助力人们的工作、生产和生活。对于《网站换肤 V3.0》这个实战场景而言,那就是:凡是能够自动实现的效果,绝不让用户多费一点力气。

3.7.1　《网站换肤 V3.0》任务描述

《网站换肤 V3.0》的主要需求是将黑白风格设置为智能切换。具体内容如下。

(1) 无论用户是否选择黑白风格,到了 9 月 18 日那一天,网站都会呈现黑白色调。

(2) 9 月 18 日当天,网站的其余风格选项处于不可用状态。

(3) 其余需求与《网站换肤 V2.0》相同。

《网站换肤 V3.0》是《网站换肤 V2.0》的经典升级版。在软件开发的生命周期中,维护是一个至关重要的环节。在对旧版软件进行维护时,经常需要从手动版升级为自动版、从单机版升级为网络版、从 PC 版升级为移动版等。因此,"改造软件"尤其要求开发者明晰软件的实现原理。此外,良好的注释也有利于加快维护的进程。

3.7.2 《网站换肤 V3.0》任务效果

《网站换肤 V3.0》的任务效果基本与《网站换肤 V2.0》相同，只是到了 9 月 18 日这一天，网页会自动采用黑白纪念风格，且设定风格按钮处于不可用状态。相同效果这里不再赘述，图 3-17 所示为 9 月 18 日的网页效果。

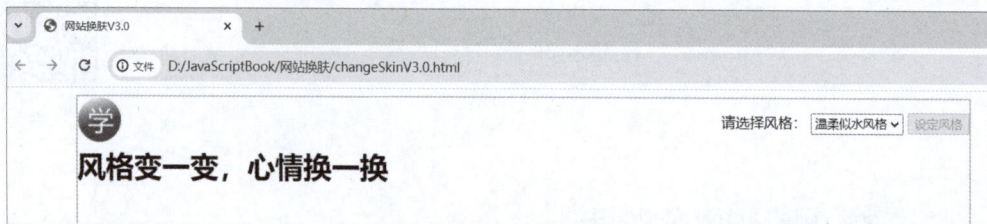

图 3-17　9 月 18 日网页效果

3.7.3 《网站换肤 V3.0》技术分析

根据需求，可知这一版本的页面引入了三个问题：

(1) 在什么时机判断是否采用黑白纪念风格？

对应知识：以代码的方式，为网页加载事件添加事件处理代码。

(2) 如何判定网页打开的时间是否为 9 月 18 日？

对应知识：内置对象 Date 对象的应用。

(3) 如何让网页在 9 月 18 日这天只能采用黑白风格？

对应知识：修改按钮相关属性，使其变为不可用。

3.8　《网站换肤 V3.0》知识学习

《网站换肤 V3.0》版本的实现，不仅需要有事件代码机制的支持，还需要有时间处理工具的支持。下面逐一对相关知识进行介绍。

3.8.1 JavaScript 事件概述

事件是可以被 JavaScript 侦测到的行为。网页中的每个元素都可以产生某些可以触发 JavaScript 函数的事件。例如，当用户单击某个按钮时，会触发这个按钮的 click（单击）事件，如果为该事件绑定了事件处理函数，那么该函数将会得到执行。

在 JavaScript 中，可以通过为不同的事件绑定不同的事件处理函数来响应用户的交互操作。例如：单击验证按钮，执行验证逻辑；单击刷新按钮，刷新验证码等。

JavaScript 事件机制使得用户能够将自己的意愿传递到网页之中，毫不夸张地说，事件是用户和网页之间的沟通桥梁。几乎每一次用户与网页的交互，都离不开事件的参与。

JavaScript 事件主要分为三大类：表单相关事件、鼠标键盘相关事件和页面相关事件。具体内容如表 3-2 所示。

表 3-2 JavaScript 事件

事件类型	事件	说明
表单相关事件	onfocus	当某个元素获得焦点时触发此事件
	onblur	当某个元素失去焦点时触发此事件
	onchange	当某个元素失去焦点并且元素的内容发生改变时触发此事件
	onsubmit	提交表单时触发此事件
	onreset	表单被重置时触发此事件
鼠标键盘相关事件	onclick	单击鼠标时触发此事件
	ondblclick	双击鼠标时触发此事件
	onmousedown	按下鼠标时触发此事件
	onmouseup	按下鼠标后松开鼠标时触发此事件
	onmouseover	当鼠标移动到某元素的区域时触发此事件
	onmousemove	当鼠标在某元素的区域移动时触发此事件
	onmouseout	当鼠标离开某元素的区域时触发此事件
	onkeypress	键盘上的键被按下并释放时触发此事件。可处理单键的操作
	onkeydown	键盘上的键被按下时触发此事件。可处理单键或者组合键的操作
	onkeyup	键盘上的键被按下后松开时触发此事件。可处理单键或组合键的操作
页面相关事件	onload	当页面完成加载时触发此事件
	onunload	当离开页面时触发此事件
	onresize	当窗口大小改变时触发此事件

利用这些事件，可以实现很多功能，例如：利用鼠标的 onmouseover 事件实现表格的悬停变色效果、利用网页的 onload 事件进行初始化操作等。

3.8.2 为 HTML 元素指定事件

JavaScript 提供了多种事件触发方式。

1. 直接在 HTML 元素的属性中指定事件处理函数

其中，事件属性为 on+ 事件名。之前的案例大多采用的是这种方式。示例代码如下：

```
<button onclick="changeStyle( )"> 设定风格 </button>
```

按钮的 onclick 属性对应它的单击事件，这里指定事件处理函数为 changeStyle() 函数。如果 changeStyle() 函数封装了改变网页风格的逻辑，那么当用户单击"设定风格"按钮时，将会导致网页的风格发生改变。

此种方式的优点是操作简单，缺点是 HTML 标记与 Javascript 代码掺杂在一起，比较混乱，而且不便于批量处理。一个按钮可以这样写，如果有 100 个类似的按钮呢？莫非要在文件中添加 100 个 onclick 属性？这种场景简直是一场灾难。

2. 通过 JavaScript 代码为 HTML 元素设置事件属性的值

例如：document.getElementById("btnRefresh").onclick = generateCode;

通过 document.getElementById("btnRefresh") 获取 id 为 btnRefresh 的按钮，即刷新按钮。然后通过代码直接将它的 onclick 属性赋值为 generateCode，从而为其指定单击事件处理函数。如果 generateCode() 函数封装了生成验证码的逻辑，那么，当用户单击刷新按钮时，就会生成新的验证码。

由于这种方式通过 JavaScript 代码指定事件处理函数，HTML 元素与 JavaScript 代码完全分离，因此代码更易于阅读，JavaScript 的优势也能得到充分发挥，尤其是在批量事件绑定时，此类方式具有更大的优势。

例如：假设要制作一个用户操作手册，手册中需要放入 500 张操作截图。对于手册中的每一张操作截图，都实现单击放大、再次单击复原的效果。可以先使用 var imgArr= document.querySelectorAll("#opImg") 将所有操作图片存放到一个数组中，然后再通过遍历，将每一个图片元素的单击事件属性指定为处理放大和缩小的函数。采用这种方式，相比为每张图片单独指定事件处理函数，可以大幅减少代码量和时间开销。

对于【例 3-4】中生成计算器按钮的 createButton() 函数，只需将原来的代码

```
function createButton(text) {
        var btn = document.createElement("button");
        btn.innerHTML = text;
        document.getElementById("btns").appendChild(btn);
}
```

变成

```
function createButton(text) {
        var btn = document.createElement("button");
        btn.innerHTML = text;
        btn.onclick = fn;
        document.getElementById("btns").appendChild(btn);
}
```

就可以轻松实现将新生成按钮的单击事件处理函数指定为 fn 函数的效果。

3. 使用 addEventListener() 注册事件处理器

document 对象的 addEventListener() 方法用于向指定元素添加监听事件，且同一元素目标可重复添加，不会覆盖已有的相同事件，可配合 removeEventListener() 方法来移除事件。

addEventListener() 方法包含三个参数：

参数 1：事件名称，类型为字符串，属于必填参数。注意：事件名称不用带 "on" 前缀，例如：单击事件直接写 "click"，按键放开事件写 "keyup"。

参数 2：事件触发后调用的函数，属于必填参数。例如：

```
function(){
    代码...
}
```

当目标对象事件触发时，会传入一个事件参数，参数名称可自定义。例如，在编写计算器代码时，需要知道单击事件的事件源的文本信息，此时，就可以填写此参数，并据此获取其文本信息。如果项目实际需求用不到事件源提供的信息，则不需要填写该参数。关于事件参数（即 event 对象），3.8.4 小节会有详细介绍，这里只需知道事件处理函数拥有一件"隐形武器"即可。

例如：

```
function(event){
  console.log(event)
}
```

参数 3：触发类型，布尔型，可空。true 表示事件在捕获阶段执行；false 表示事件在冒泡阶段执行，默认值为 false。

【例 3-7】通过 document 对象的 addEventListener() 方法，为按钮添加单击事件，当单击事件触发时，以 alert 弹框的方式显示"点击按钮啦！"。

案例代码如图 3-18 所示，执行效果如图 3-19 所示。

图 3-18　addEventListener 示例代码

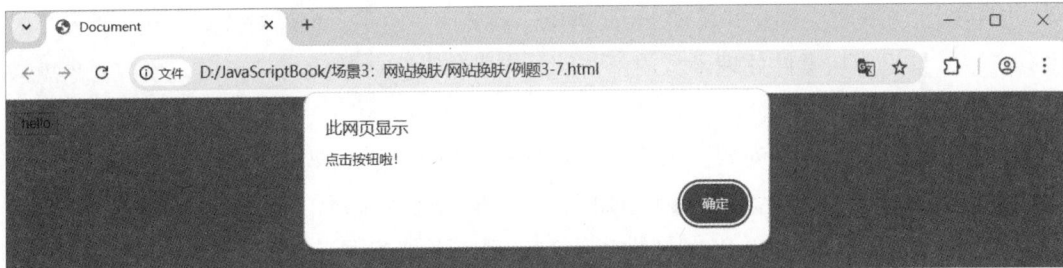

图 3-19　addEventListener 示例执行效果

3.8.3　为整个页面指定事件

对于普通页面元素而言，可以先获取该元素，然后通过三种事件绑定方式之一，为其指定事件及事件处理函数。那么，如何为整个页面指定事件及其处理函数呢？

在 JavaScript 中，window 对象代表浏览器窗口，该对象提供了许多事件，允许开发者对窗口的各种行为作出响应。常用事件及其触发时机如下。

(1) load 事件：页面加载完成时触发。

(2) unload 事件：页面卸载时触发。

(3) resize 事件：浏览器窗口大小发生变化时触发。

(4) scroll 事件：浏览器窗口滚动时触发。

(5) focus 事件：浏览器窗口被激活（获得焦点）时触发。

以页面加载事件为例，可以采用如下方式为页面的加载事件添加处理代码：

```
window.onload=function(){
    具体实现代码
}
```

3.8.4　event 对象

当用户在浏览器中与页面进行交互时（如鼠标单击、键盘输入、鼠标移动等），会触发事件。事件触发后，浏览器会自动创建一个 event 对象，并在其中存储与本次事件相关的各种信息，包括事件类型、事件目标、触发元素等。浏览器创建 event 对象后，会自动将该对象作为参数传递给绑定的事件处理函数，开发者可以在事件处理函数中通过访问 event 对象的属性和方法获取事件的具体信息，并进行后续的逻辑处理。

可以通过多种方式触发事件：

● 由用户操作触发，例如：鼠标事件、键盘事件等。

● 通过 JavaScript 脚本代码触发，例如：通过 element.click() 方法，触发对应元素的单击事件。

● 由 API 生成，例如：动画完成后触发对应事件、视频播放被暂停时触发对应事件。

● 通过自定义事件来进行触发。

上述四种方式都会创建并传递 event 对象。需要注意的是，事件对象只有在事件发生时才会产生，且只能在事件处理函数内部访问，在事件处理函数运行结束后，事件对象就被销毁了！

【例 3-8】感知 event 对象。示例代码如图 3-20 所示，执行效果如图 3-21 所示。

event 对象的属性数量众多，因篇幅限制，这里仅展示部分属性。这些属性为编程者提供了丰富的信息。例如：ctrlKey 属性表示 Ctrl 键是否被按下，本例为 false，说明 Ctrl 键没有被按下。如果有一个需求，要求根据 Ctrl 键是否被按下来决定操作内容，就可以利用 ctrlKey 属性来实现。event 对象的 target 属性用于表明发生事件的对象，即事件源。更多属性的含义，感兴趣的读者可以自行查阅相关资料，这里不再赘述。

```
1   <!DOCTYPE html>
2   <html lang="en">
3   <head>
4       <meta charset="UTF-8">
5       <meta name="viewport" content="width=device-width, initial-scale=1.0">
6       <title>Document</title>
7   </head>
8   <body>
9       <button onclick="showEvent()">查看event对象</button>
10      <script>
11          function showEvent(){
12              console.log(event);
13          }
14      </script>
15  </body>
16  </html>
```

图 3-20　感知 event 事件代码

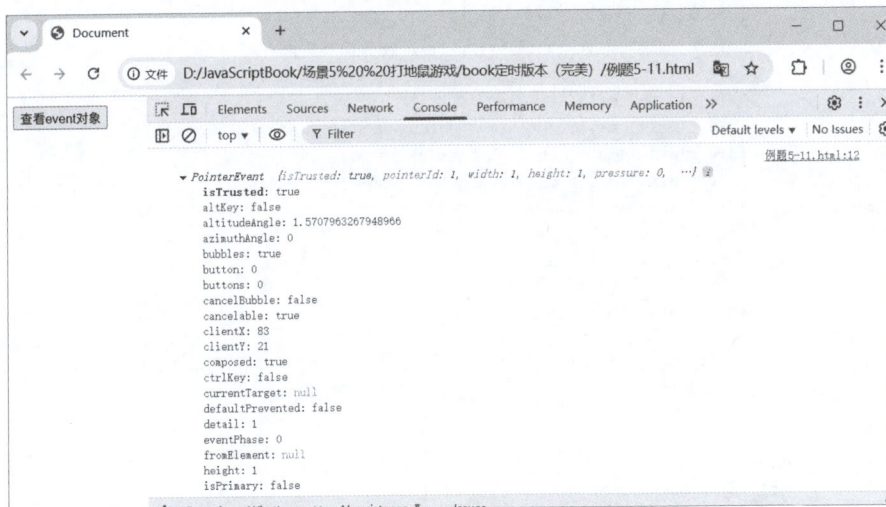

图 3-21　感知 event 事件执行效果

下面通过案例实际体验一下 event 对象属性为编程带来的便利。

【例 3-9】使用 event 对象实现 DIY 计算器中的"生成操作数"功能。具体需求如下：

(1) 使用文本框存放操作数。

(2) 利用 event 对象的特性，将 0~9 这 10 个数字按钮的单击事件处理代码绑定到一个事件处理函数中，从而实现高效编码。具体分为以下几种情况。

- 当文本框中的值不为 0 时，单击数字按钮，将该数字按钮上显示的数字串联在文本框内容的最后。
- 当文本框中的值为 0 时，单击数字按钮，用该数字按钮上显示的数字替换文本框中的内容。
- 当单击 C 按钮时，清空文本框内容及中间数据。

为了方便读者理解 event 对象的用法，本案例采用 HTML 编码与 JavaScript 代码混搭的方式展示。示例的核心 HTML 编码如图 3-22 所示，核心 JavaScript 代码如图 3-23 所示，样式表略。执行效果如图 3-24、图 3-25 所示。

图 3-22 所示的 HTML 编码将每个数字按钮的单击事件处理函数设置为 generateNum()。

在图 3-23 所示的 JavaScript 代码中，第 8~15 行定义了 generateNum 函数。函数通过 event.target 获取发生单击事件的事件源——数字按钮 (本例采用 div 呈现按钮效果)，根据不同情况将数字按钮上的数字通过 innerText 属性取出，串接在文本框中或者替换文本框的原值。

例 3-9

```html
1  <div class="box">
2          <input type="text" name="" id="numbers" readonly value="0">
3          <div class="small">1/x</div>
4          <div class="small" onclick="myClearAll()">c</div>
5          <div class="small">退格</div>
6          <div class="small">÷</div>
7          <div class="small" onclick="generateNum()">7</div>
8          <div class="small" onclick="generateNum()">8</div>
9          <div class="small" onclick="generateNum()">9</div>
10         <div class="small">*</div>
11         <div class="small" onclick="generateNum()">4</div>
12         <div class="small" onclick="generateNum()">5</div>
13         <div class="small" onclick="generateNum()">6</div>
14         <div class="small">-</div>
15         <div class="small" onclick="generateNum()">1</div>
16         <div class="small" onclick="generateNum()">2</div>
17         <div class="small" onclick="generateNum()">3</div>
18         <div class="small">+</div>
19         <div class="small">%</div>
20         <div class="small" onclick="generateNum()">0</div>
21         <div class="small">x²</div>
22         <div class="small">=</div>
23     </div>
```

图 3-22　使用 event 实现生成操作数 HTML 编码

```javascript
1  <script>
2   var op1;//存放第一个操作数
3   var op2;//存放第二个操作数
4   var operator;//存放运算符
5   /**
6    * 生成文本框中的数字，本质是将数字串接到文本框的尾部
7    */
8   function generateNum(){
9       //因为初始值就是0，所以要分两种情况进行处理
10      if(document.getElementById("numbers").value!=0) {
11        document.getElementById("numbers").value+=event.target.innerText;    //挂在后面
12      }else{
13        document.getElementById("numbers").value=event.target.innerText;     //替换原值0
14      }
15  }
16  function myClearAll(){
17      document.getElementById("numbers").value=0;
18      op1=0;
19      op2=0;
20      operator="";
21  }
22  </script>
```

图 3-23　使用 event 实现生成操作数 JavaScript 代码

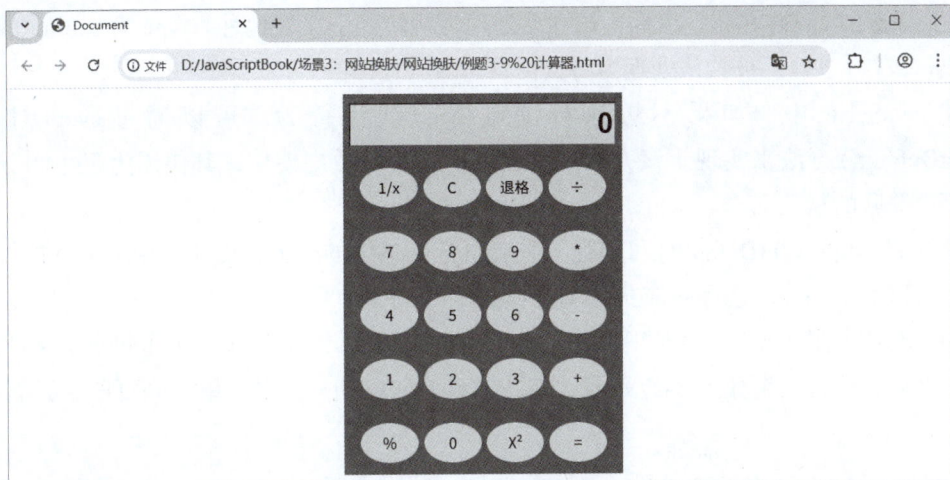

图 3-24　计算器初始状态

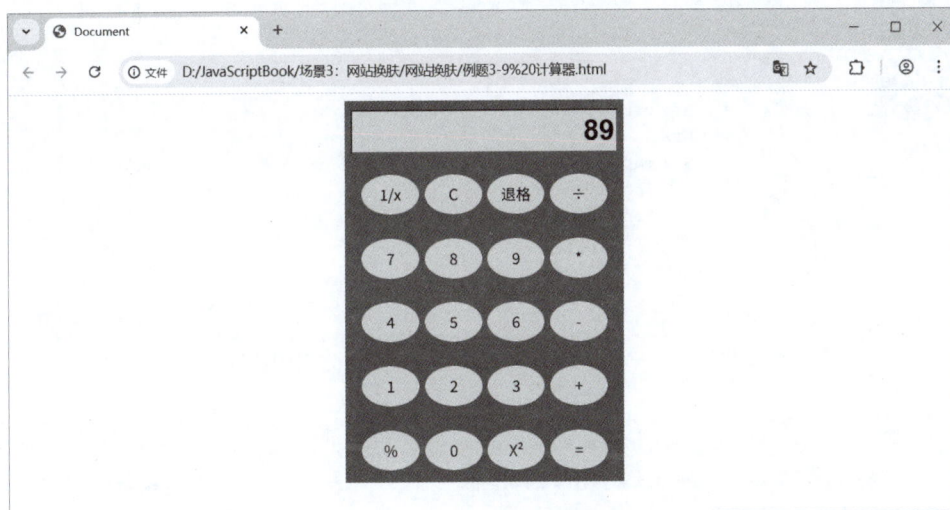

图 3-25　单击了 8、9 按钮之后的计算器状态

实战小贴士

　　在编写事件处理函数实现相关逻辑功能时，event 事件对象就像一个"隐形侦探"，随时可以为编程者带来丰富的"潜在信息"，如事件源信息、位置信息等。当你觉得"山穷水复疑无路"时，也许 event 对象能让你"柳暗花明又一村"。

3.8.5　阻止默认行为

1. 通过 event 对象阻止默认行为

除程序员绑定的事件处理函数之外，浏览器还会对某些元素的某些事件进行默认处理。

例如：a 标签的 click(单击) 事件，被默认处理为跳转到链接的地址。type 为 submit 的按钮的 click(单击) 事件，被默认处理为将数据发送给服务器等。

在 JavaScript 中，如果不想执行浏览器的默认行为，可以通过 event 对象的 preventDefault() 方法来实现。该方法通常在事件处理函数中使用，其作用为阻止浏览器执行与事件关联的默认动作。

使用 event.preventDefault() 可以让开发者自定义事件的行为，而非使用浏览器提供的默认行为。这对于创建动态和响应式的 Web 应用程序特别有用。

【例 3-10】阻止超级链接的默认行为。示例代码如图 3-26 所示，单击热点文字"baidu 搜索"之后，执行效果如图 3-27 所示。单击"确定"按钮后，并未跳转到百度主界面。

```
1   <!DOCTYPE html>
2   <html lang="en">
3   <head>
4       <meta charset="UTF-8">
5       <meta name="viewport" content="width=device-width, initial-scale=1.0">
6    .  <title>阻止默认行为举例</title>
7   </head>
8   <body>
9       <a href="http://www.baidu.com">baidu搜索</a>
10      <script>
11          document.getElementsByTagName('a')[0].onclick = function(e){
12              e.preventDefault();
13              alert("你点击了链接");
14          }
15      </script>
16  </body>
17  </html>
```

图 3-26　阻止默认行为案例代码

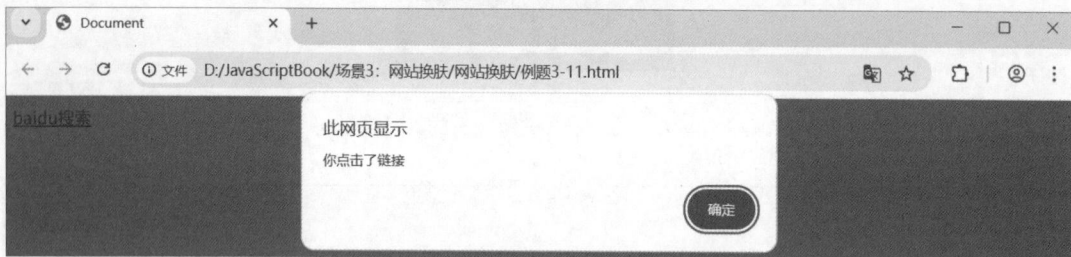

图 3-27　阻止默认行为案例执行效果

2. 通过 onclick 属性阻止默认行为

当 a 标签的 onclick 属性值设置为 return true 时，会执行默认行为；当 a 标签的 onclick 属性值设置为 return false 时，会阻止默认行为。根据这个特性，用户就可以通过单击 confirm 弹框的不同按钮，参与"是否执行默认行为"的决策之中。

【例 3-11】增、删、改、查是很多软件系统中的基本功能。为了避免误操作，在执行真正的删除前，通常需要弹出一个确认框，用户单击"确定"按钮后才执行删除操作。当用户单击"取消"按钮时，不执行删除操作。请编程模拟实现此功能。

为了方便效果展示，本例创建了两个页面：例 3-11del.html 用于模拟跳转到真正的删除路由；例 3-11.html 为主程序页面。数据展示采用表格模拟呈现。

首次加载例 3-11.html 时，界面如图 3-28 所示。

单击张三所在行的"删除"链接后，界面如图 3-29 所示。

- 当单击"确定"按钮时，网页会跳转到如图 3-30 所示的界面，并传递参数 id=1。
- 当单击"取消"按钮时，网页并未跳转。

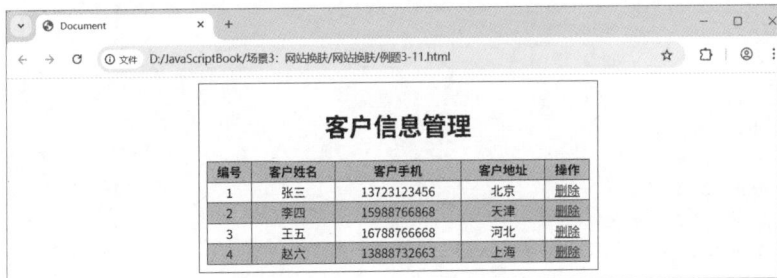

例 3-11(1)

图 3-28　网页加载后页面

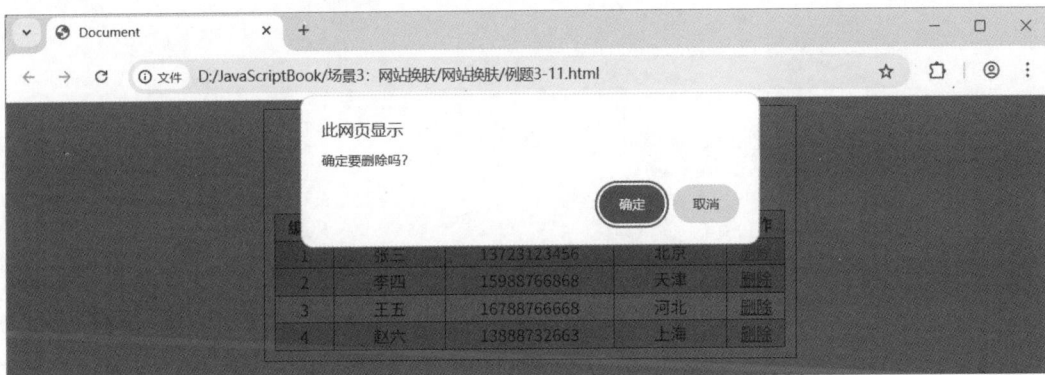

图 3-29　单击张三所在行的"删除"后界面

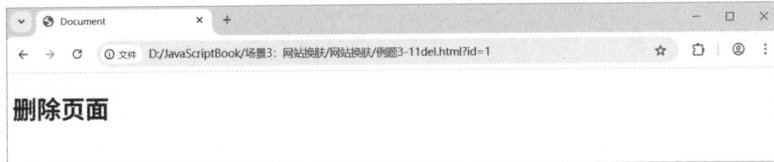

例 3-11(2)

图 3-30　单击"确定"按钮后界面

例 3-11del.html 文件的代码如下：

```
<!DOCTYPE html>
<html lang="en">
<head>
    <meta charset="UTF-8">
    <meta name="viewport" content="width=device-width, initial-scale=1.0">
    <title>Document</title>
</head>
<body>
```

```
    <h1> 删除页面 </h1>
</body>
</html>
```

例 3-11.html 文件的代码如下：

```html
<!DOCTYPE html>
<html lang="en">
<head>
    <meta charset="UTF-8">
    <meta name="viewport" content="width=device-width, initial-scale=1.0">
    <title>Document</title>
    <style>
        .container{
            width: 500px;
            border: 1px solid #000;
            margin: 0 auto;
            text-align: center;
            padding: 10px;
        }
        table{
            width: 500px;
            border: 1px solid #000;
            border-collapse: collapse;
        }
        th,td{
            border: 1px solid #000;
            text-align: center;
        }
        tr:nth-child(odd){
            background-color: #ccc;
        }
        tr:nth-child(even){
            background-color: #fff;
        }
        tr:hover{
            background-color: rgba(0, 102, 255, 0.479);
        }
    </style>
    </style>
</head>
<body>
    <div class="container">
        <h1> 客户信息管理 </h1>
        <table>
            <tr>
                <th> 编号 </th><th> 客户姓名 </th><th> 客户手机 </th><th> 客户地址 </th><th> 操作 </th>
            </tr>
            <tr>
                <td>1</td>
                <td> 张三 </td>
                <td>13723123456</td>
                <td> 北京 </td>
                <td><a href=" 例题 3-11del.html?id=1" onclick="return confirm(' 确定要删除
```

110

```
吗？')">删除 </a></td>
            </tr>
            <tr>
                <td>2</td>
                <td> 李四 </td>
                <td>15988766868</td>
                <td> 天津 </td>
                <td><a href=" 例题 3-11del.html?id=2" onclick="return confirm(' 确定要删除
吗？')">删除 </a></td>
            </tr>
            <tr>
                <td>3</td>
                <td> 王五 </td>
                <td>16788766668</td>
                <td> 河北 </td>
                <td><a href=" 例题 3-11del.html?id=3" onclick="return confirm(' 确定要删除
吗？')">删除 </a></td>
            </tr>
            <tr>
                <td>4</td>
                <td> 赵六 </td>
                <td>13888732663</td>
                <td> 上海 </td>
                <td><a href=" 例题 3-11.html?id=4" onclick="return confirm(' 确定要删除吗?
')">删除 </a></td>
            </tr>
        </table>
    </div>
</body>
</html>
```

3.8.6　JavaScript 事件流模型

DOM 是一个树状结构，因此，当父子节点也绑定了事件时，子节点的事件被触发也会导致父节点的同名事件被触发。这就存在一个顺序问题，也就涉及了事件流的概念。事件流都会经历如图 3-31 所示的三个阶段，其中：

事件冒泡是一种自下而上的传播方式，由最具体的元素 (触发节点) 开始，逐渐向上传播到最不具体的那个节点，也就是 DOM 中最高层的父节点。

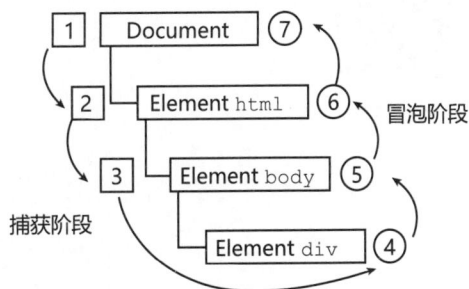

图 3-31　JavaScript 事件流模型

事件捕获与事件冒泡相反，由不太具体的节点最早接受事件，而最具体的节点 (触发节点) 最后接受事件。

【例 3-12】体验事件冒泡机制，示例可以采用如图 3-32 所示的代码，也可采用如图 3-33 所示的代码。单击内部的子方框时，首先弹出如图 3-34 所示的提示信息。单击"确

111

定"按钮后，继续弹出如图 3-35 所示的提示信息。表明事件先从子元素开始触发，逐步蔓延到父元素，即事件是通过冒泡机制触发的。本例也表明，采用为 onclick 属性赋值来指定事件处理函数的方式，其默认事件流机制为冒泡机制。

例 3-12(1)

```
1   <!DOCTYPE html>
2   <html lang="en">
3   <head>
4       <meta charset="UTF-8">
5       <meta name="viewport" content="width=device-width, initial-scale=1.0">
6       <title>Document</title>
7       <style>
8           .parent{
9               width: 400px;
10              height: 400px;
11              margin:0 auto;
12              background-color: orange;
13              display: flex;
14              align-items: center;
15              justify-content: center;
16          }
17          .child{
18              width: 200px;
19              height: 200px;
20              background-color: cyan;
21          }
22      </style>
23  </head>
24  <body>
25      <div class="parent" onclick="alert('父被单击！')">
26          <div class="child" onclick="alert('子被单击！')"></div>
27      </div>
28  </body>
29  </html>
```

图 3-32　体验事件冒泡机制代码 (1)

例 3-12(2)

```
1   <!DOCTYPE html>
2   <html lang="en">
3   <head>
4       <meta charset="UTF-8">
5       <meta name="viewport" content="width=device-width, initial-scale=1.0">
6       <title>Document</title>
7       <style>
8           .parent{
9               width: 400px;
10              height: 400px;
11              margin:0 auto;
12              background-color: orange;
13              display: flex;
14              align-items: center;
15              justify-content: center;
16          }
17          .child{
18              width: 200px;
19              height: 200px;
20              background-color: cyan;
21          }
22      </style>
23  </head>
24  <body>
25      <div class="parent">
26          <div class="child"></div>
27      </div>
28      <script>
29          document.querySelector(".parent").addEventListener("click",function(){
30              alert("父被单击");
31          },false);
32          document.querySelector(".child").addEventListener("click",function(){
33              alert("子被单击");
34          },false);
35      </script>
36  </body>
37  </html>
```

图 3-33　体验事件冒泡机制代码 (2)

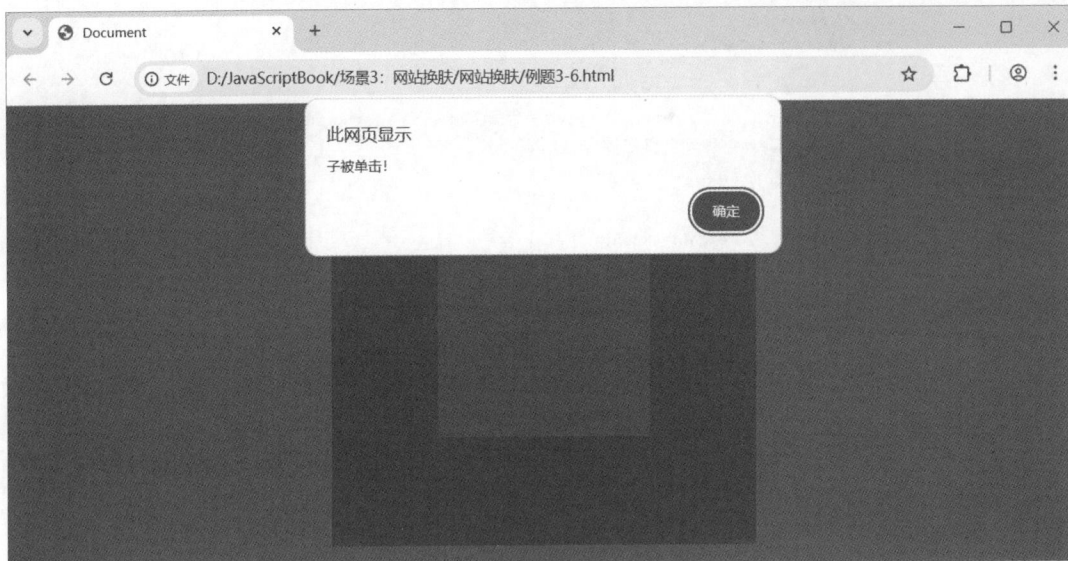

图 3-34　单击子方框出现提示

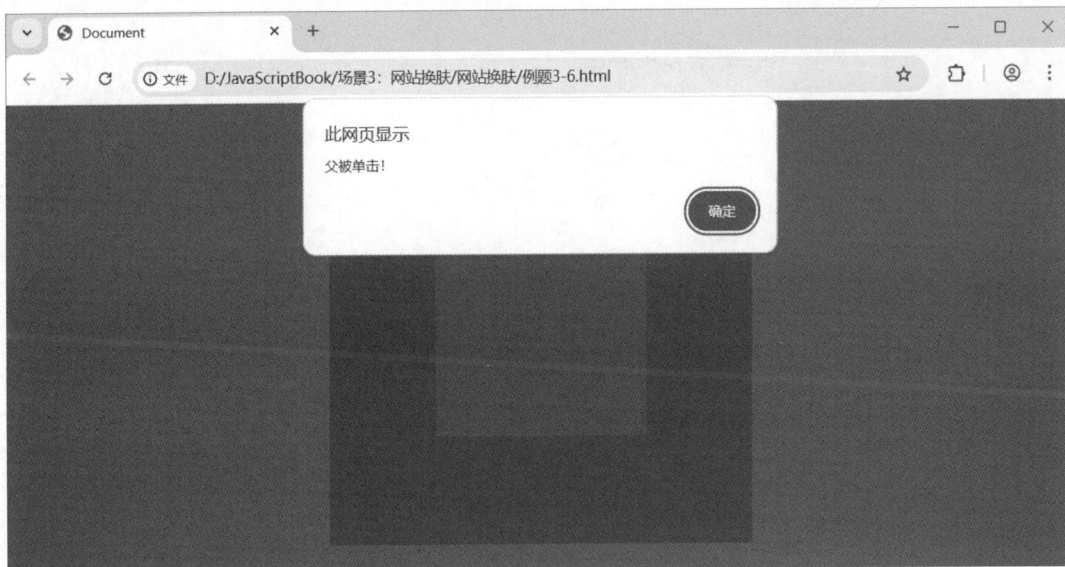

图 3-35　单击"确定"按钮后效果

【例 3-13】体验事件捕获机制，示例代码如图 3-36 所示，当单击内部的子方框时，首先弹出如图 3-37 所示的提示信息。单击"确定"按钮后，继续弹出如图 3-38 所示的提示信息。表明事件先从父元素开始触发，再向内逐步蔓延到子元素。即事件是通过捕获机制触发的。

```
1    <!DOCTYPE html>
2    <html lang="en">
3    <head>
4        <meta charset="UTF-8">
5        <meta name="viewport" content="width=device-width, initial-scale=1.0">
6        <title>Document</title>
7        <style>
8            .parent{
9                width: 400px;
10               height: 400px;
11               margin:0 auto;
12               background-color: orange;
13               display: flex;
14               align-items: center;
15               justify-content: center;
16           }
17           .child{
18               width: 200px;
19               height: 200px;
20               background-color: cyan;
21           }
22       </style>
23   </head>
24   <body>
25       <div class="parent">
26           <div class="child"></div>
27       </div>
28       <script>
29           document.querySelector(".parent").addEventListener("click",function(){
30                   alert("父被单击");
31           },true);
32           document.querySelector(".child").addEventListener("click",function(){
33                   alert("子被单击");
34           },true);
35       </script>
36   </body>
37   </html>
```

例 3–13

图 3-36　体验事件捕获机制代码

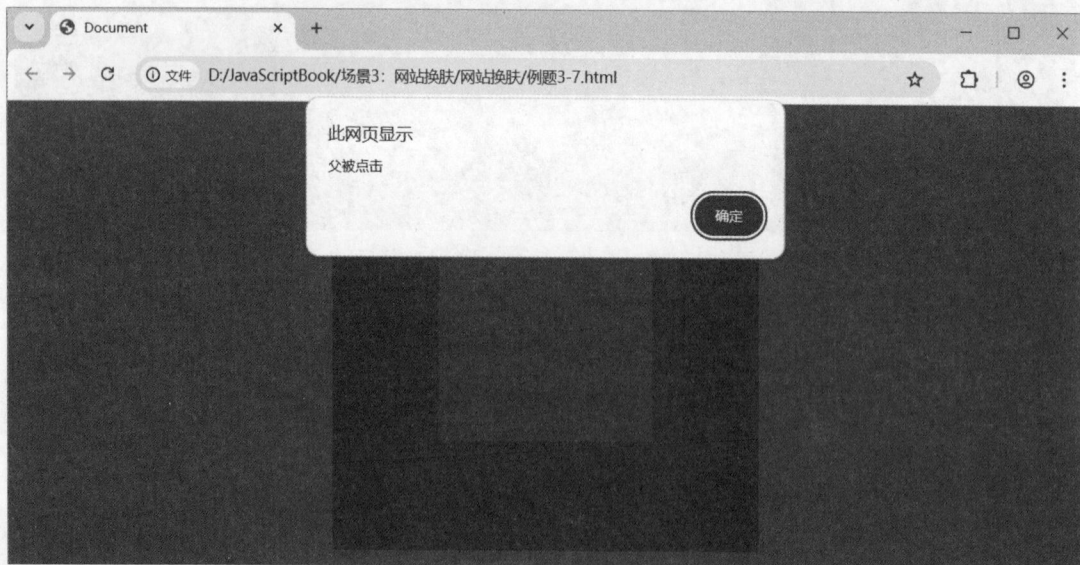

图 3-37　单击内部子方框效果

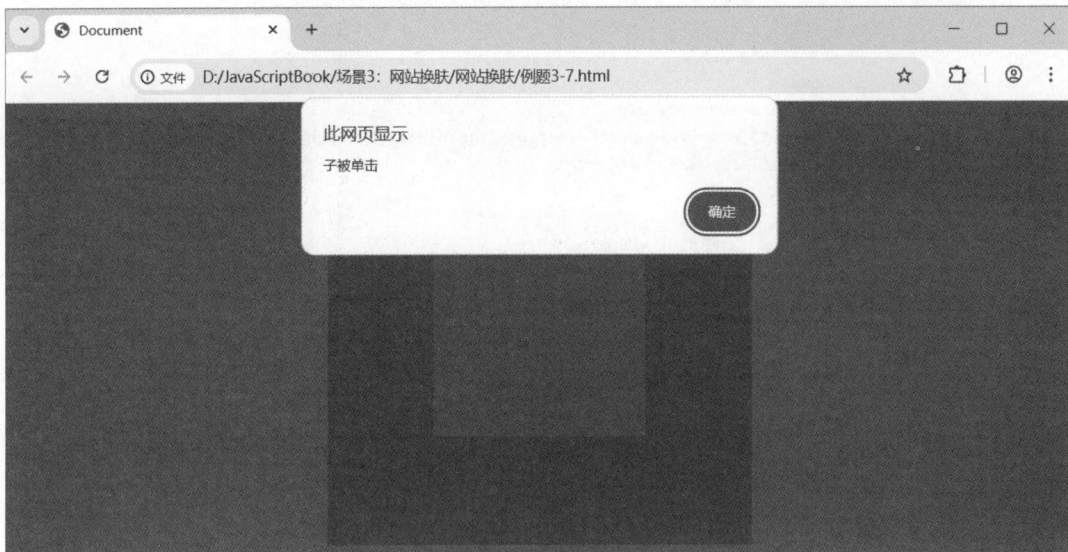

图 3-38 单击"确定"按钮后效果

如果不想让事件从一个元素向其父元素传播，可以通过 event.stopPropagation() 来阻止冒泡行为，此处的 event 是指事件对象。

【例 3-14】阻止事件冒泡，当单击内层子方框时，出现如图 3-39 所示的弹框。单击"确定"按钮后，没有其他弹框出现，表明冒泡机制被阻断。示例的完整代码如图 3-40 所示。

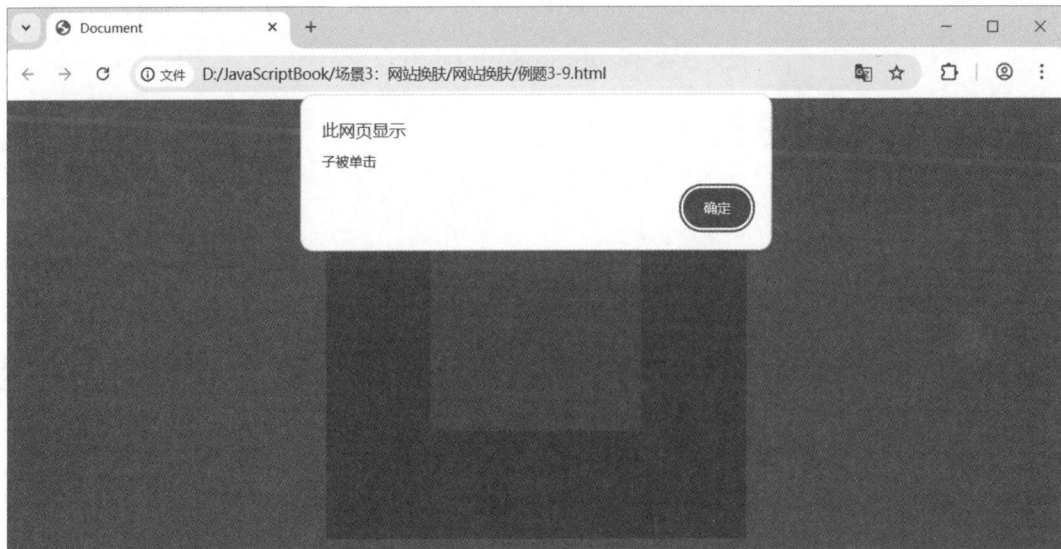

图 3-39 阻止事件冒泡执行效果

```
1   <!DOCTYPE html>
2   <html lang="en">
3   <head>
4       <meta charset="UTF-8">
5       <meta name="viewport" content="width=device-width, initial-scale=1.0">
6       <title>Document</title>
7       <style>
8           .parent{
9               width: 400px;
10              height: 400px;
11              margin:0 auto;
12              background-color: orange;
13              display: flex;
14              align-items: center;
15              justify-content: center;
16          }
17          .child{
18              width: 200px;
19              height: 200px;
20              background-color: cyan;
21          }
22      </style>
23  </head>
24  <body>
25      <div class="parent">
26          <div class="child"></div>
27      </div>
28      <script>
29          document.querySelector(".parent").addEventListener("click",function(){
30                  alert("父被单击");
31          },false);
32          document.querySelector(".child").addEventListener("click",function(event){
33                  alert("子被单击");
34                  event.stopPropagation();
35          },false);
36      </script>
37  </body>
38  </html>
```

例 3-14

图 3-40　阻止冒泡案例代码

3.8.7　Date 对象

Date 对象是 JavaScript 常用的内置对象之一，它可以方便地提供与时间有关的各项操作及信息。

可以通过 new 关键词来定义 Date 对象。有如下四种方式初始化日期对象：

- new Date()
- new Date(dateString)
- new Date(milliseconds)
- new Date(year, monthIndex [, day [, hours [, minutes [, seconds [, milliseconds]]]]])

上述参数大多数都是可选的，在不指定的情况下，默认参数为 0。其中：

(1) milliseconds 参数是一个 Unix 时间戳 (Unix Time Stamp)，它是一个整数值，表示自

116

1970 年 1 月 1 日 00:00:00 UTC(the Unix epoch) 以来的毫秒数。

(2) dateString 参数是表示日期的字符串值。year, month, day, hours, minutes, seconds, milliseconds 分别表示年、月、日、时、分、秒、毫秒。

示例如下：

```
var today = new Date();
var d1 = new Date("June 17, 2024 10:13:00");
var d2 = new Date(2024,6,17);
var d3 = new Date(2024,6,17,10,13,0);
```

Date 对象提供了丰富的方法，利用它们可以轻松地完成设置日期及获取年、月、日、星期几、小时、分、秒等信息的任务，常用方法如表 3-3 所示，更多方法可参考 JavaScript 技术手册或其他互联网资源。

表 3-3　Date 对象常用方法

方法	描述
getDate( )	从 Date 对象返回一个月中的某一天 (1 ~ 31)
getDay( )	从 Date 对象返回一周中的某一天 (0 ~ 6)
getFullYear( )	从 Date 对象以四位数字返回年份
getMonth( )	从 Date 对象返回月份 (0 ~ 11)
getHours( )	返回 Date 对象的小时 (0 ~ 23)
getMinutes( )	返回 Date 对象的分钟 (0 ~ 59)
getSeconds( )	返回 Date 对象的秒数 (0 ~ 59)
getTime( )	返回 1970 年 1 月 1 日至今的毫秒数
getTimezoneOffset( )	返回本地时间与格林威治标准时间 (GMT) 的分钟差
toLocaleDateString( )	根据本地时间格式，把 Date 对象的日期部分转换为字符串
toLocaleString( )	根据本地时间格式，把 Date 对象转换为字符串
toLocaleTimeString( )	根据本地时间格式，把 Date 对象的时间部分转换为字符串
toString( )	把 Date 对象转换为字符串

【例 3-15】在网页上输入任意一个日期，计算两个日期之间相差多少天。例如：2025 年 4 月 20 日与 2025 年 4 月 21 日相差 1 天。

本例需要使用 Date 对象的构造函数和自带方法，最终将两个日期都转换为距离 1970 年 1 月 1 日 0 时 0 分 0 秒的毫秒数，再将毫秒数相减，得出两个日期之间的毫秒差，最后将毫秒数转换为天数。具体代码如图 3-41 所示，执行效果如图 3-42 所示。

其中：

● 第 10 行代码用于获取起始日期的字符串值。

● 第 11 行代码用于获取结束日期的字符串值。

● 第 12~18 行代码在有日期数据时进行数据处理。

● 第 19~21 行代码在无日期数据时进行错误提示。

● 第 13 行代码根据起始日期的字符串值生成日期，再获取该日期距离 1970 年 1 月 1 日 0 时 0 分 0 秒的毫秒数，并存入 startDate 变量。

- 第 14 行代码根据结束日期的字符串值生成日期，再获取该日期距离 1970 年 1 月 1 日 0 时 0 分 0 秒的毫秒数，并存入 endDate 变量。
- 第 15 行代码求 startDate 与 endDate 的差的绝对值，并存入变量 millsecs。(以防用户输入的起始时间晚于结束时间)。
- 第 16 行代码将毫秒数转换为天数 (一天 24 小时，即 24*3600*1000 毫秒)。
- 第 17 行代码将结果显示在网页上。

例 3-15

```
1   <body>
2       <div class="container">
3           请选择开始时间: <input type="date" id="start"> <br>
4           请选择结束时间: <input type="date" id="end"> <br>
5           <button onclick="calc()">计算相差天数</button><br>
6           <span id="days"></span>
7       </div>
8       <script>
9       function calc() {
10          var start = document.querySelector("#start").value;
11          var end = document.querySelector("#end").value;
12          if (start.length > 0 && end.length > 0) {
13              var startDate = (new Date(start)).getTime();
14              var endDate = (new Date(end)).getTime();
15              var millsecs = Math.abs(endDate - startDate);
16              var days = Math.ceil(millsecs / 1000 / 60 / 60 / 24);
17              document.querySelector("#days").innerHTML = "相隔" + days + "天";
18          }
19          else {
20              document.querySelector("#days").innerHTML = "请选择起止日期";
21          }
22      }
23      </script>
24  </body>
```

图 3-41　计算日期相差几天代码

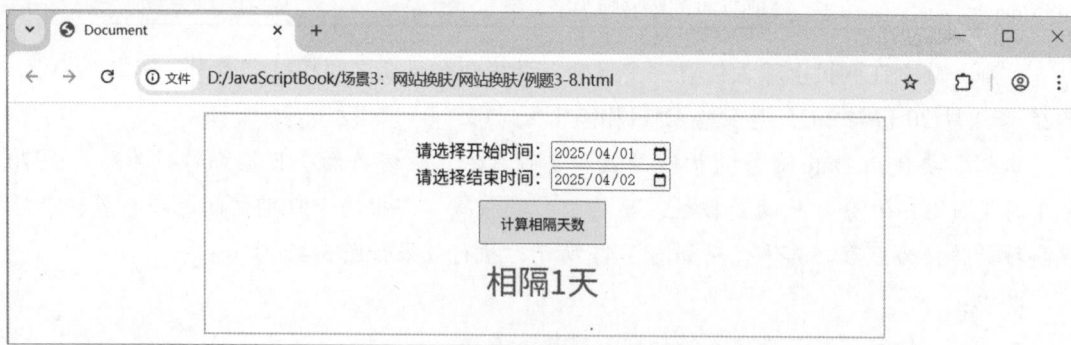

图 3-42　计算日期相差几天执行效果

本例对类似按天计息的实际需求有很大实用意义。

3.9　《网站换肤 V3.0》编程实现

下面分步骤对《网站换肤 V3.0》进行实现。

(1) 创建 changeSkinV3.0，并迅速生成如下代码框架：

```
<!DOCTYPE html>
<html lang="en">
<head>
    <meta charset="UTF-8">
    <meta name="viewport" content="width=device-width, initial-scale=1.0">
    <title>Document</title>
</head>
<body>
</body>
</html>
```

(2) 修改页面标题：

```
<title> 网站换肤 V3.0</title>
```

(3) 在 <body></body> 标签中添加页面元素如下：

```
<div class="orange" id="container">
    <div class="topLeft">
        <img src="./logo.png" class="logo" alt="logo" >
    </div>
    <div class="topRight">
        请选择风格：
        <select id="styles">
            <option value="orange" selected> 温柔似水风格 </option>
            <option value="black" > 黑白纪念风格 </option>
            <option value="green"> 生机勃勃风格 </option>
        </select>
        <button onclick="changeStyle()"> 设定风格 </button>
    </div>
    <div class="content">
        <h1> 风格变一变，心情换一换 </h1>
    </div>
</div>
```

(4) 在 <head></head> 标签中添加样式如下：

```
<style>
    #container{
        width: 1000px;
        min-height: 500px;
        border: solid 2px #ccc;
        margin: 0 auto;
    }
    .black{
        /* background-color: white;
```

```
        color:black; */
        filter: grayscale(100%);
    }
    .topLeft{
        float: left;
    }
    .topRight{
        float:right;
        line-height: 50px;
    }
    .content{
        clear: both;
    }
    select{
        height: 23px;
    }
    .logo{
        width: 50px;
        height:50px;
    }
    .orange{
        background-color: orange;
        color:white;
    }
    .green{
        background-color: green;
        color:rgb(233, 132, 132);
    }
</style>
```

(5) 在最后一个 </div> 标签下面添加 JavaScript 代码如下：

```
<script>
    window.onload=function(){
        var myDiv=document.querySelector("div");// 获取容器
        var myDate=new Date();
        var myMonth=myDate.getMonth()+1;
        var myDay=myDate.getDate();
        if(myMonth==9&&myDay==18){
            myDiv.className="black";
            document.querySelector("button").disabled=true;// 禁用按钮
        }
    }
    function changeStyle(){
        var myDiv=document.querySelector("div");// 获取容器
        var myStyle=document.querySelector("select").value;// 获取下拉框选项
        switch(myStyle){
            case "black":
                myDiv.className="black";
                break
            case "orange":
                myDiv.className="orange";
```

changeSkinV3.0

120

```
                break
        case "green":
            myDiv.className="green";
                break
        }
    }
    </script>
```

至此，《网站换肤 V3.0》实现完毕。

> **实战小贴士**
>
> 　　一个需求的变动，很可能引发其他功能需求的级联变动，因此在软件产品的修改和维护过程中，编程者必须仔细分析，关注细节，严谨行事。

　　多个知识的有机叠加可以实现相对复杂的项目效果，前提是编程者已经掌握了相关知识。大多数情况下，编程本身并不难，难的是如何提前储备知识并灵活地加以应用。积累、复习、实践是成为一名优秀程序员的必经之路。

课后习题

一、单项选择题

1. 如何在 HTML 元素中绑定一个点击事件处理程序？（　　）

    A. onclick = myFunction();

    B. element.addEventListener('Click', myFunction);

    C. element.onclick = myFunction;

    D. element.attachEvent('onclick', myFunction);

2. 事件冒泡是指事件从内层元素向外层元素传播的现象。如何阻止事件冒泡？（　　）

    A. event.stopBubbling()

    B. event.preventPropagation()

    C. event.bubble = false

    D. event.stopPropagation()

3. 以下哪行代码可以阻止默认行为？

    A. event.stopBubbling()

    B. event.e.preventDefault();

    C. event.bubble = false

    D. event.stopPropagation()

4. 关于 JavaScript event(事件) 对象，以下哪个说法是错误的？（　　　）

    A. 通过 event 对象的自带方法能够阻止事件冒泡

    B. 通过 event 对象的自带方法能够阻止事件捕获

    C. 通过 event 对象的自带方法能够阻止默认行为

    D. event 对象在事件处理函数以外也可以调用

二、问答题

1. 为页面元素绑定事件有哪些方式？请编程举例说明。

2. 有哪些获取页面元素的方式？请编程举例说明。

3. 阻止默认行为有哪些方式？请以单击超级链接文字为例进行说明。

三、编程实践题

1. 结合本主题所学知识，实现：网页大字版与普通版两种模式。(提示：可参考建行、工行等网络银行)

2. 创建一个存放 5 名学生信息的数组，内容不限，并将其以表格的方式呈现，要求表格以代码方式生成。

3. 编程实现地址级联效果。要求在城市下拉框中选择不同城市，市区下拉框中出现该城市对应的辖区。可参考图 3-43 所示截图。

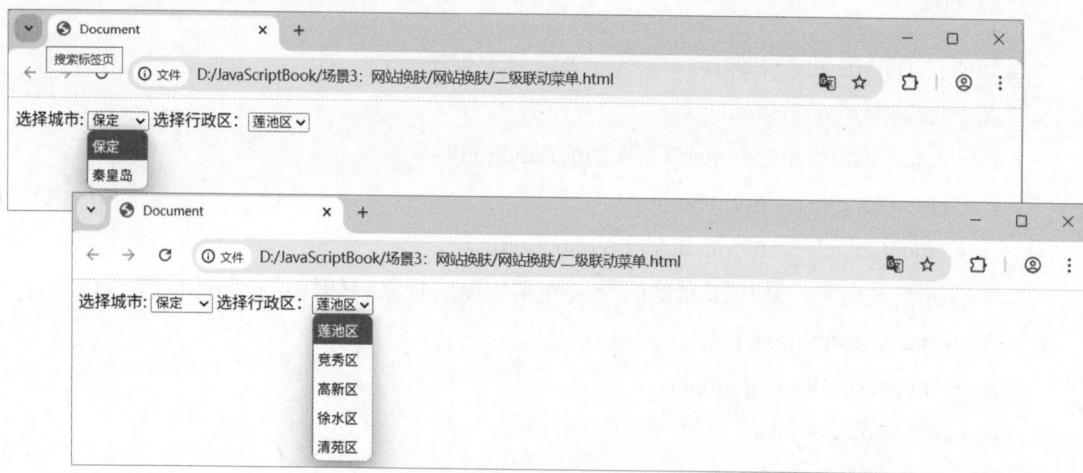

图 3-43　级联菜单

4. 制作一款电子相册，效果自行设计，也可参考图 3-44。(提示：在小图片的鼠标悬停事件中，实现更换对应大图效果)

图 3-44　电子相册

5. 请编程实现小说阅读字体大小的私人定制功能，具体需求如下：在纯文字网页中添加"增大"和"缩小"按钮或图片。每单击一次"增大"按钮，字体大小增加 10 个像素，最大增加到 50 个像素；每单击一次"缩小"按钮，字体大小减少 10 个像素，最小减少到 12 个像素。初始字体大小为 12 个像素。

实战主题 ④

用户注册与数据提交

用户注册是所有需要身份验证的网站经常出现的功能。在此类网站中，通常情况下，用户首先需要通过注册操作得到合法的账号和密码，注册成功后再通过合法的账号和密码登录网站或 App，然后才可以进行后续的业务操作。

毫不夸张地说，几乎每个网民的网络生活都离不开注册和数据提交这两大重要环节，例如：

- 在淘宝、京东、唯品会、亚马逊、当当等电子商务网站上购物。
- 在网上办税大厅、工商管理系统等电子政务网站办理企业事务。
- 使用网银、股票软件等财务软件办理理财与转账业务。
- 在论坛、微博、微信、QQ 等社交媒体发布内容。
- 使用邮件系统、办公系统等进行日常工作。

那么，用户注册是不是可以随意填写个人信息呢？答案是否定的。我国《互联网用户账号信息管理规定》已于 2022 年 6 月 9 日经国家互联网信息办公室 2022 年第 11 次室务会议审议通过，自 2022 年 8 月 1 日起施行。在总则第四条中提到，互联网用户注册、使用和互联网信息服务提供者管理互联网用户账号信息，应当遵守法律法规，遵循公序良俗，诚实信用，不得损害国家安全、社会公共利益或者他人合法权益。第二章对账号信息注册和使用的规则进行了详细解释和说明。因此，每个人在注册各种个人账号时，都要认真填写信息，不仅格式要正确，更要保证内容的可信度和真实性。

本主题以用户注册与数据提交为应用场景，通过三个版本的 JavaScript 迭代实现，帮助读者掌握使用正则表达式规范用户注册信息格式的基本思路与技巧，以及向后台服务器提交数据的基本方式。

通过本主题的学习，读者将从正则表达式语法、jQuery 知识拓展、模块化程序设计思想、软件综合素养等几个方面有所收获，并为后续知识的学习打下坚实的基础。

▌知识目标

➤ 掌握 JavaScript 的正则表达式语法。

➤ 掌握表单验证相关知识。

➤ 掌握 JavaScript 同步数据提交相关知识。

➤ 掌握 JavaScript 异步数据提交相关知识。

➤ 掌握 JSON 数据相关知识。

➤ 了解 jQuery 基本知识。

▌能力目标

➤ 能够熟练使用正则表达式规范数据格式。

➤ 能够熟练进行表单验证。

➤ 能够熟练使用同步方式与后台服务器进行交互。

➤ 能够熟练使用异步方式与后台服务器进行交互。

➤ 能够使用 JSON 数据进行前后端数据传递。

➤ 能够使用 jQuery 编写简单代码。

➤ 能够使用模块化思想来进行程序组织。

➤ 能够遵循行业主流命名规范科学合理地为变量命名。

➤ 能够遵循特定编程风格编写和组织代码。

▌素养目标

➤ 培养基本的软件设计思想。　　➤ 培养模块化思想。

➤ 了解软件健壮性并提升思维缜密性。　➤ 培养和践行精益求精的工匠精神。

➤ 培养良好的编码习惯和编码风格。　➤ 培养思考与分析能力。

▌思维导图

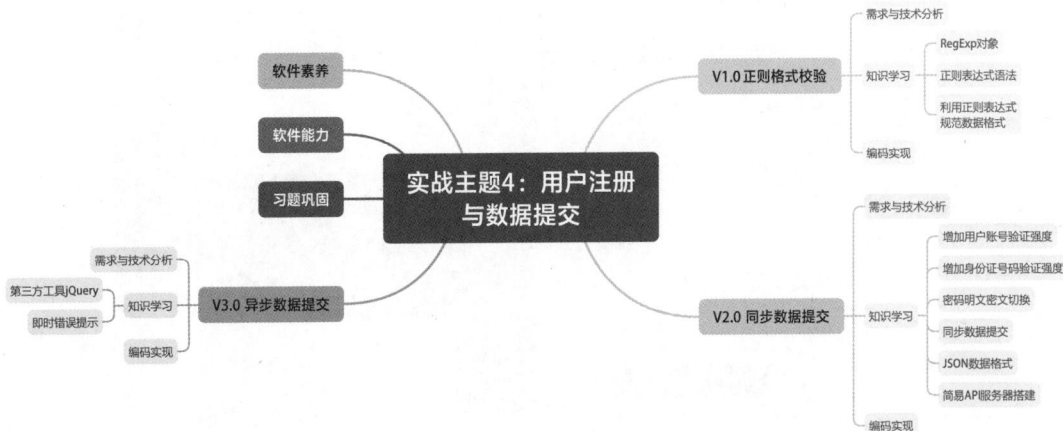

125

4.1 《用户注册与数据提交 V1.0》需求与技术分析

《用户注册与数据提交 V1.0》重点在于数据提交前的合法性校验，以及如何通过 JavaScript 完成合法性校验。下面从任务描述、任务效果和技术分析三个方面进行详细介绍。

4.1.1 《用户注册与数据提交 V1.0》任务描述

《用户注册与数据提交 V1.0》将实现用户注册表单验证，在保证用户输入信息合法的前提下向服务端提交数据，属于基础版本，目的是让大家了解用户注册与数据提交的基本编写思路，以及正则表达式的基本语法。

具体需求如下。

(1) 要求账号长度在 3~16 位。

(2) 要求密码长度在 6~16 位。

(3) 要求两次密码内容一致。

(4) 要求手机号码符合中国手机号码格式。

(5) 要求身份证号码符合中国身份证号码格式。

(6) 要求邮箱符合邮箱格式。

4.1.2 《用户注册与数据提交 V1.0》任务效果

《用户注册与数据提交 V1.0》任务效果如图 4-1 所示。

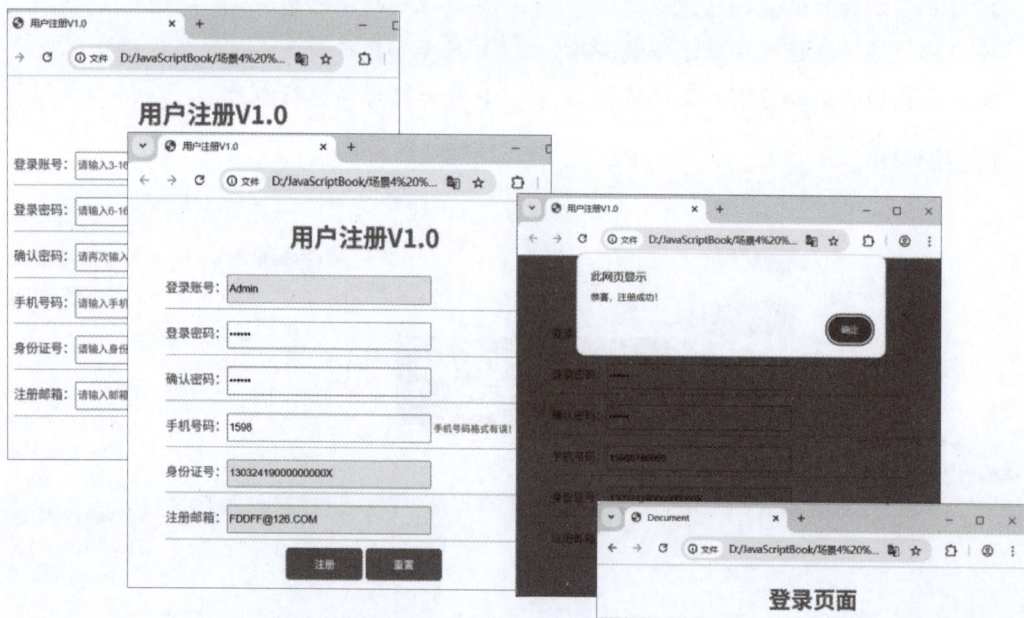

图 4-1 《用户注册与数据提交 V1.0》任务效果

4.1.3 《用户注册与数据提交 V1.0》技术分析

《用户注册与数据提交 V1.0》的需求相对简单。系统采用 form 表单进行同步数据提交，并对每个注册信息进行合法性验证，如果信息都合法将出现一个恭喜弹框，单击"确定"按钮后，跳转到登录页面。如果有不合法信息，将出现红字提示。

在技术层面，需要解决如下问题。

(1) 如何对邮箱、身份证号、手机号等具有特殊格式要求的数据进行合法性验证？

对应知识：RegExp 对象的 test() 方法。

(2) 如何编写正则表达式？

对应知识：正则表达式语法。

(3) 如何触发数据提交和表单验证？

对应知识：submit 按钮 onclick 事件。

4.2 《用户注册与数据提交 V1.0》知识学习

要想实现数据合法性校验，离不开"正则表达式"这个"模式神器"的帮助。下面就对与其相关的知识进行介绍。

4.2.1 RegExp 对象

在 JavaScript 中，RegExp 对象是一个内置对象，它提供了用于处理正则表达式 (regular expression) 的相关功能。正则表达式是一种强大的文本模式描述工具，可用于字符串的搜索、匹配、替换等操作，很多编程语言都支持正则表达式。

1. 创建 RegExp 对象

可以通过两种方式创建 RegExp 对象。

(1) 使用字面量。

语法：

```
var regex = /pattern/flags;
```

其中，pattern 为正则模式字符串；flags 为修饰符，它表示模式的附加规则，放在正则模式的最尾部，包括：global、ignoreCase、multiline，分别代表全局搜索、忽略大小写、多行模式。修饰符既可以单个使用，也可以多个一起使用。

例如：

```
var regex = /hello/i;     // 匹配 "hello"，不区分大小写
var regex = /hello/ig;    // 匹配 "hello"，不区分大小写，且执行全局搜索
```

(2) 使用构造函数。

语法：

```
var regex = new RegExp("pattern","flags");
```

例如：

```
var regex = new RegExp("hello", "i"); // 同样匹配 "hello"，不区分大小写
```

2. RegExp 对象的方法

RegExp 对象提供了几个方法用来执行正则表达式的匹配和搜索。

(1) test(string)。

功能：测试字符串是否匹配正则表达式。如果匹配返回 true，否则返回 false。

例如：

```
var regex = /hello/;
console.log(regex.test('hello world')); // 输出: true
```

(2) exec(string)。

功能：在字符串中执行搜索匹配。返回一个数组，其中存放匹配的结果。如果没有找到匹配，则返回 null。

例如：

```
var regex = /hello/;
var match = regex.exec('hello world');
// 输出: ["hello",groups: undefined,index: 0, input: "hello world",length:1 ]
console.log(match);
```

3. String 对象用到正则表达式的方法

(1) match(string)。

功能：在字符串中搜索匹配项，返回一个数组，其中存放匹配的结果。如果没有找到匹配，则返回 null。

例如：

```
var str = "hello world";
var matches = str.match(/hello/);
console.log(matches);    // 输出: ["hello"]
```

(2) search(string)。

功能：测试字符串中是否存在匹配项，返回匹配项的索引位置，如果没有找到匹配项，则返回 -1。

例如：

```
var str = "hello world";
var position = str.search(/hello/);
console.log(position);    // 输出: 0
```

(3) replace(string|regexp, newSubstr|function)。

功能：在字符串中替换匹配的子串，返回新的字符串。

例如：

```
var str = "hello world";
var replaced = str.replace(/world/, "JavaScript");
console.log(replaced);              // 输出: "hello JavaScript";
```

4. RegExp 属性

正则对象的实例属性分为两类。

(1) 与修饰符相关的属性，用于了解设置了什么修饰符。例如：

- RegExp.prototype.ignoreCase：返回一个布尔值，表示是否设置了 i 修饰符。
- RegExp.prototype.global：返回一个布尔值，表示是否设置了 g 修饰符。
- RegExp.prototype.multiline：返回一个布尔值，表示是否设置了 m 修饰符。
- RegExp.prototype.flags：返回一个字符串，包含已经设置的所有修饰符，按字母排序。

以上四个属性均为只读属性。

例如：

```
var r = /abc/igm;
console.log( r.ignoreCase);        // true
console.log(r.global);             // true
console.log(r.multiline);          // true
console.log(r.flags);              // 'gim'
```

(2) 与修饰符无关的属性，主要包含如下两个。

- RegExp.prototype.source：返回正则表达式的字符串形式 (不包括反斜杠)，该属性为只读属性。
- RegExp.prototype.lastIndex：返回一个整数，表示下一次开始搜索的位置。该属性可读写，但是只在进行连续搜索时有意义。

例如：

```
var regex = /hello/igm;
console.log(regex.source);         // 输出: "hello";
console.log(regex.lastIndex );     //0
```

【例 4-1】利用正则表达式和 String 对象的 replace() 方法，模拟百度搜索的效果。即输入关键字后，在网页文字中进行全文搜索并将与关键字相同的内容高亮显示。

例 4-1

本例需要在网页的所有内容中搜索与关键字相同的内容，而非找到第一个就结束，因此必须使用正则表达式来表达搜索模式，并采用 g 修饰符表明全文搜索。搜索完毕后，将关键字替换为 <span> 关键字 </span>，通过样式表控制 span 标签外观，进而实现高亮显示。

示例的执行效果如图 4-2、图 4-3 所示。

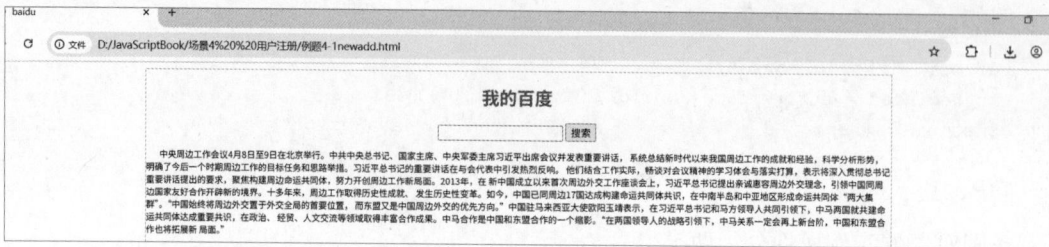

图 4-2　页面初始状态

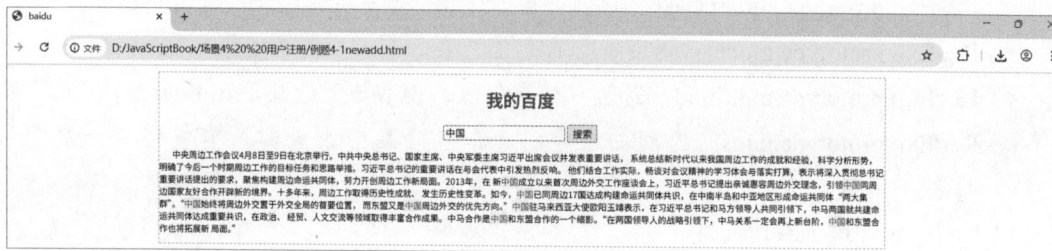

图 4-3　页面搜索完毕状态

代码如下。

```
<!DOCTYPE html>
<html lang="en">
<head>
    <meta charset="UTF-8">
    <meta name="viewport" content="width=device-width, initial-scale=1.0">
    <title>baidu</title>
    <style>
        .container{
            margin: 0 auto;
            width: 1024px;
            border: solid 1px #ccc;
            text-align: center;
        }
        h1{
            font-size: 24px;
            color: green;
        }
        p{
            text-align: left;
            font-size: 12px;
        }
        span{
            color: red;
            background-color: yellow;
        }
    </style>
</head>
<body>
    <div class="container">
        <h1> 我的百度 </h1>
```

```
        <input type="text">
        <button onclick="search()">搜索</button>
        <p>
                   中央周边工作会议 4 月 8 日至 9 日在北京举行。
```
中共中央总书记、国家主席、中央军委主席习近平出席会议并发表重要讲话，
系统总结新时代以来我国周边工作的成就和经验，科学分析形势，明确了今后一个时期周边工作的目标
任务和思路举措。习近平总书记的重要讲话在与会代表中引发热烈反响。
他们结合工作实际，畅谈对会议精神的学习体会与落实打算，表示将深入贯彻总书记重要讲话提出的要
求，聚焦构建周边命运共同体，努力开创周边工作新局面。2013 年，在
新中国成立以来首次周边外交工作座谈会上，习近平总书记提出亲诚惠容周边外交理念，引领中国同周
边国家友好合作开辟新的境界。十多年来，周边工作取得历史性成就、
发生历史性变革。如今，中国已同周边 17 国达成构建命运共同体共识，在中南半岛和中亚地区形成命运
共同体"两大集群"。"中国始终将周边外交置于外交全局的首要位置，
而东盟又是中国周边外交的优先方向。"中国驻马来西亚大使欧阳玉靖表示，在习近平总书记和马方领
导人共同引领下，中马两国就共建命运共同体达成重要共识，在政治、
经贸、人文交流等领域取得丰富合作成果。中马合作是中国和东盟合作的一个缩影。"在两国领导人的战
略引领下，中马关系一定会再上新台阶，中国和东盟合作也将拓展新
局面。"

```
        </p>
    </div>
</div>
<script>
    var oldKeyWord="";
    function search(){
        var keyword=document.querySelector("input").value.trim();
        if(keyword==""||oldKeyWord==keyword){
            return;
        }
        var htmlContent= document.querySelector("p").innerHTML;
        if(oldKeyWord!=""){
            htmlContent = htmlContent.replace(/<span>/g, '');
            htmlContent = htmlContent.replace(/<\/span>/g, '');
        }
        var keyword2="<span>"+keyword+"</span>";
        var reg=new RegExp(keyword,"g");
        document.querySelector("p").innerHTML= htmlContent.replace(reg,keyword2);
        oldKeyWord=keyword;
    }
</script>
</body>
</html>
```

4.2.2　正则表达式语法

正则表达式 (Regular Expression，简称 Regex) 是一种用于匹配、搜索和操作文本的模式工具，由普通字符 (如字母、数字) 和特殊字符 (元字符) 组成。它是一种文本模式，同时也是计算机科学的一个概念。许多程序设计语言都支持利用正则表达式进行字符串操作，JavaScript 也不例外。

1. 正则表达式常用字符

(1) 正则表达式常用元字符如表 4-1 所示。

表 4-1　常用元字符

符号	说明
.	匹配除换行符以外的任意字符
\w	匹配字母或数字或下画线
\s	匹配任意的空白符
\d	匹配数字
\b	匹配单词的开始或结束
\t	匹配一个水平制表符 (horizontal tab)
\n	匹配一个换行符 (line feed)
\f	匹配一个换页符 (form feed)
^	匹配以指定内容开头的字符串
$	匹配以指定内容结尾的字符串

(2) 正则表达式常用限定符如表 4-2 所示。

表 4-2　常用限定符

符号	描述
*	重复零次或更多次
+	重复一次或更多次
?	重复零次或一次
{n}	重复 n 次
{n,}	重复 n 次或更多次
{n,m}	重复 n 到 m 次

(3) 正则表达式常用反义词如表 4-3 所示。

表 4-3　常用反义词

符号	描述
\W	匹配任意不是字母，数字，下画线的字符，等价于 "[^A-Z a-z 0-9_]"
\S	匹配任意非空白字符
\D	匹配任意非数字的字符
\B	匹配不是单词开头或结束的位置
[^x]	匹配除 x 以外的任意字符
[^aeiou]	匹配除 a、e、i、o、u 这几个字母以外的任意字符

2. 正则表达式其他字符

正则表达式其他字符如下。

(1) 正则表达式中的 "[]" 表示一个字符集合，只要待匹配的字符符合字符集合中的某一项，即表示匹配成功。

(2) 当需要匹配某个范围内的字符时，可以在正则表达式中使用中括号 "[]" 和连字符 "-" 来表示范围。

(3) 当需要匹配某个范围外的字符时，可以在 "[" 的后面加上 "^"，此时 "^" 不再表示定位符，而是反义符，表示某个范围之外。例如：[^abcd] 匹配除 a、b、c、d 这几个字母以外的任意字符。

(4) 当匹配的字符串有多个条件时，可以在正则表达式中使用竖线 "|" 连接前后两个条件，"|" 表示 "或"。只要给定的字符串中包含 "|" 前后两个条件中的一个，就会匹配成功。

(5) 在正则表达式中，使用小括号 "()" 可以对正则表达式进行分组，被小括号标注的内容称为子模式 (或称为子表达式)，一个子模式可以看作是一个组。

例如：

[abcd]] 匹配 a、b、c、d 中的任意一个字符。
[^abcd] 匹配除 a、b、c、d 这几个字母以外的任意字符。
[a-z] 匹配 a 到 z 范围内的字符。
[a-zA-Z0-9] 匹配 a~z、A~Z 和 0~9 范围内的字符。
[x|X] 匹配 x 或者 X。
/happy|te/ 可匹配的结果：happy、te。
/ha(ppy|te) 可匹配的结果：happy、hate。
/abc{2}/ 可匹配的结果：abcc。
/a(bc){2}/ 可匹配的结果：abcbc。

注意：

● 连字符 "-" 只有在表示字符范围时才作为元字符来使用，其他情况下只表示一个文本字符。

● 连字符 "-" 表示的范围遵循字符编码的顺序，如 "a~z" 和 "A~Z" 是合法的范围，"a~Z" "z~a" 和 "a~9" 是不合法的范围。

4.2.3　利用正则表达式规范数据格式

了解正则表达式的语法后，就可以利用正则表达式来规范字符串格式了。

【例 4-2】假如用户需要输入手机号码才可以进行下一步操作，请通过 JavaScript 代码验证其输入数据的合法性。

本例可以使用正则表达式来规范数据格式。首先构造出符合当今中国手机号码格式的正则表达式。然后利用 RegExp 对象的 test 方法进行判断，根据判断结果进行内容呈现。代码如图 4-4 所示，执行结果如图 4-5 所示。

```
1   <body>
2       请输入手机号：<input type="text" id="phone" placeholder="请输入11位手机号">
3       <span id="msg"></span>
4       <button onclick="checkPhone()">确定</button>
5       <script>
6           function checkPhone(){
7               var phone = document.getElementById("phone");
8               var msg=document.getElementById("msg");
9               var reg = /^1[3-9]\d{9}$/;
10              if(reg.test(phone.value)){
11                  msg.innerText = "手机号输入正确";
12                  msg.style.color = "green";
13              }else{
14                  msg.innerText = "手机号输入错误";
15                  msg.style.color = "red";
16              }
17          }
18      </script>
19  </body>
```

例 4 –2

图 4-4　手机号码验证代码

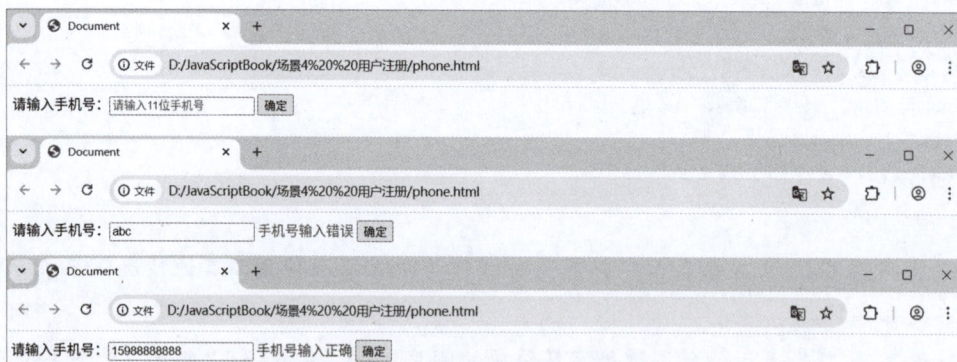

图 4-5　手机号码验证代码执行效果

4.3　《用户注册与数据提交 V1.0》编程实现

下面分步骤实现《用户注册与数据提交 V1.0》。

(1) 创建 userRegV1.0.html，并迅速生成如下代码框架：

```
<!DOCTYPE html>
<html lang="en">
<head>
    <meta charset="UTF-8">
    <meta name="viewport" content="width=device-width, initial-scale=1.0">
    <title>Document</title>
</head>
<body>
</body>
</html>
```

(2) 在 \<head\>\</head\> 区域修改 title，添加样式：

```
<title> 用户注册 V1.0</title>
<style>
    .row {
        padding-top: 5px;
        height: 42px;
        border-bottom: 1px solid #aaa;
        margin-bottom: 10px;
        color: #666;
    }

    .last {
        border: none;
        text-align: center;
    }

    .userName-tips,
    .password-tips,
    .password2-tips,
    .mobile-tips,
    .id-tips,
    .email-tips {
        color: red;
        font-size: 12px;
    }

    .container {
        width: 500px;
        margin: 0 auto;
    }

    h1 {
        text-align: center;
        color: green;
    }

    input {
        width: 260px;
        height: 30px;
    }

    input[type="submit"],
    input[type="reset"] {
        width: 100px;
        height: 40px;
        background-color: green;
        color: white;
        border: none;
        border-radius: 5px;
    }
</style>
```

(3) 在 \<body>\</body> 区域添加如下 html 标签:

```
<div class="container">
 <h1>用户注册 V1.0</h1>
 <form action="ok.html" method="post" >
     <div class="row">
         登录账号: <input type="text" name="userName" placeholder=" 请输入 3~16 位的
账号 ">
          <span class="userName-tips"></span>
     </div>
     <div class="row">
         登录密码: <input type="password" name="password" placeholder=" 请输入 6~16
位的密码 ">
          <span class="password-tips"></span>
     </div>
     <div class="row">
         确认密码: <input type="password" name="password2" placeholder=" 请再次输入
登录密码 ">
          <span class="password2-tips"></span>
     </div>
     <div class="row">
         手机号码: <input type="text" name="mobile" placeholder=" 请输入手机号码 ">
         <span class="mobile-tips"></span>
     </div>
     <div class="row">
         身份证号: <input type="text" name="id" placeholder=" 请输入身份证号码 ">
         <span class="id-tips"></span>
     </div>
     <div class="row">
         注册邮箱: <input type="email" name="email" placeholder=" 请输入邮箱地址 ">
         <span class="email-tips"></span>
     </div>
     <div class="row, last">
         <input type="submit" value=" 注册 ">
         <input type="reset" value=" 重置 ">
     </div>
 </form>
</div>
```

(4) 在最后一个 \</div> 下面添加如下 JavaScript 代码:

```
<script>
     var userName = document.querySelector('input[name="userName"]');
     var password = document.querySelector('input[name="password"]');
     var password2 = document.querySelector('input[name="password2"]');
     var mobile = document.querySelector('input[name="mobile"]');
     var id = document.querySelector('input[name="id"]');
     var email = document.querySelector('input[name="email"]');
     var submit = document.querySelector('input[type="submit"]');

     userName.onfocus = function () {
         document.querySelector(".userName-tips").innerHTML = "";
     };
     password.onfocus = function () {
```

```
            document.querySelector(".password-tips").innerHTML = "";
        };
        password2.onfocus = function () {
            document.querySelector(".password2-tips").innerHTML = "";
        };
        mobile.onfocus = function () {
            document.querySelector(".mobile-tips").innerHTML = "";
        };
        id.onfocus = function () {
            document.querySelector(".id-tips").innerHTML = "";
        };
        email.onfocus = function () {
            document.querySelector(".email-tips").innerHTML = "";
        };

        submit.onclick = function () {
            let uv = userName.value;
            let pv = password.value;
            let pv2 = password2.value;
            let mv = mobile.value;
            let iv = id.value;
            let ev = email.value;

            // 校验账号
            if (uv.length < 3 || uv.length > 16) {
                document.querySelector('.userName-tips').innerHTML = " 请输入 3~16 位的
账号 !";
                return false;
            }

            // 校验密码
            if (pv.length < 6 || pv.length > 16) {
                document.querySelector('.password-tips').innerHTML = " 请输入 6~16 位的
密码 !";
                return false;
            }

            // 校验确认密码
            if (pv !== pv2) {
                document.querySelector('.password2-tips').innerHTML = " 登录密码与确认密
码必须一致! ";
                return false;
            }

            // 验证手机号
            if (!/^1[3-9]\d{9}$/.test(mv)) {
                document.querySelector('.mobile-tips').innerHTML = " 手机号码格式有误! ";
                return false;
            }

            // 验证身份证号
            if (!/^\d{17}(\d|X)$/.test(iv)) {
                document.querySelector('.id-tips').innerHTML = " 身份证号码格式有误! ";
```

```
            return false;
        }

        // 验证邮箱格式
        if (!/^\w+@\w+\.\w+$/.test(ev)) {
            document.querySelector('.email-tips').innerHTML = " 注册邮箱格式有误！";
            return false;
        }
        alert(" 恭喜，注册成功！");
    }
</script>
```

(5) 创建 ok.html 伪测试页。当数据合格时，弹框出现，用户单击"确定"按钮后，页面会跳转到注册成功之后的 ok.html 页面。如果数据一直不合格，即使单击"提交"按钮，也不会跳转到 ok.html 页面。注意：form 表单的 action 属性等内容会在本实战主题的 V2.0 迭代中讲解，这里不再赘述。ok.html 代码如下：

```
<!DOCTYPE html>
<html lang="en">
<head>
    <meta charset="UTF-8">
    <meta name="viewport" content="width=device-width, initial-scale=1.0">
    <title>Document</title>
    <style>
        .container {
            width: 600px;
            margin: 0 auto;
        }
        h1 {
            text-align: center;
            color: green;
        }
    </style>
</head>
<body>
    <div class="container">
        <h1> 登录页面 </h1>
    </div>
</body>
</html>
```

userRegV1.0

至此，《用户注册与数据提交 V1.0》实现完毕。

代码说明：onsubmit 只能在表单上使用，提交表单前会触发。onclick 在按钮等控件上使用，用来触发单击事件。

在提交表单前，一般都会进行数据验证，可以在 submit 按钮的 click 事件中验证，也可以在表单的 submit 事件中验证。但是 click 事件比 submit 事件更早被触发。

当表单的 submit 处理函数返回 false 或 submit 按钮的 click 处理函数返回 false 时，都不会引起表单提交，因此可以保证只有在数据合法时才进行提交。

4.4　《用户注册与数据提交 V2.0》需求与技术分析

《用户注册与数据提交 V1.0》版本虽然能够实现表单验证与数据提交功能，但是存在如下三个缺陷：

(1) 正则表达式模式相对粗糙。

(2) 密码输入环节用户体验感欠佳。

(3) 同步数据提交环节用户体验感有待提高。

本着精益求精的态度，下面对其进行进一步完善。

4.4.1　《用户注册与数据提交 V2.0》任务描述

《用户注册与数据提交 V2.0》的项目需求重点在于增强项目的实战性及用户体验。具体内容如下。

(1) 将正则模式变得更加复杂。

(2) 为密码增加显示隐藏功能。

(3) 为同步数据提交增加后端交互细节。

4.4.2　《用户注册与数据提交 V2.0》任务效果

《用户注册与数据提交 V2.0》任务效果如图 4-6 所示。

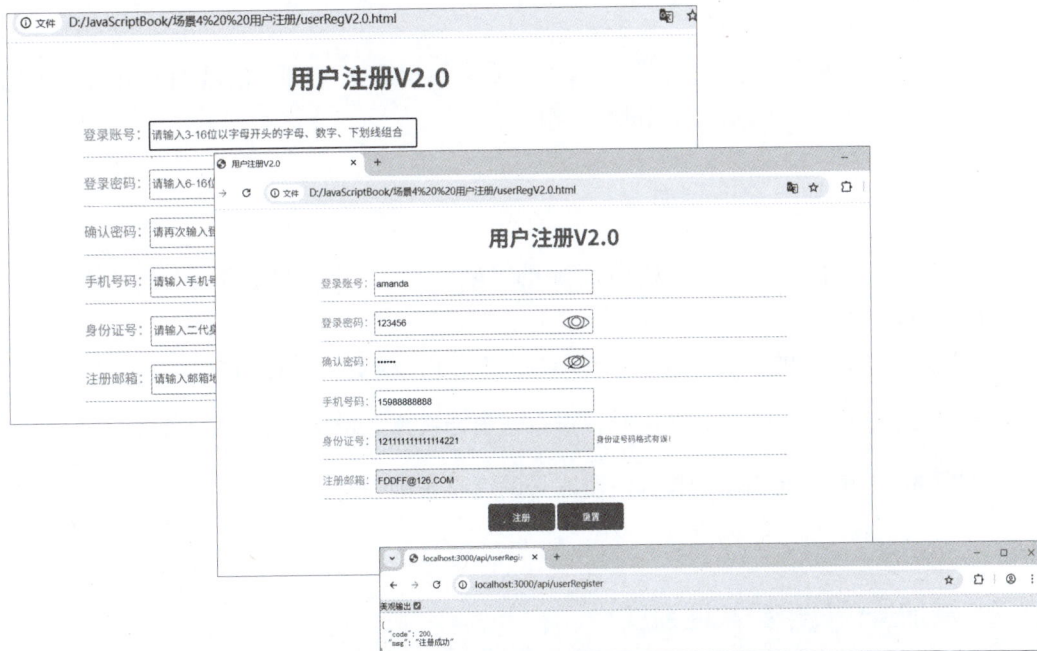

图 4-6　《用户注册与数据提交 V2.0》任务效果

4.4.3 《用户注册与数据提交 V2.0》技术分析

《用户注册与数据提交 V2.0》需要加强用户账号和身份证号码的格式要求，增加密码显隐模式切换功能，并引入服务端以真实再现前后端数据交换过程。由此引入四个新的任务。

(1) 控制用户账号只能为 3~16 位，首字符为英文字母，其余字符由字母、数字、下画线组成。

实现思路：利用正则表达式。

所需知识：参见本书 4.2.2 节。

(2) 控制身份证号码与中国二代身份证格式完全一致。

实现思路：利用正则表达式。

所需知识：参见本书 4.2.2 节。

(3) 实现密码明文密文切换。

实现思路：引入切换图片，单击图片切换文本框的 type 属性。

所需知识：修改页面元素属性，前几章均有涉及。

(4) 演示同步提交数据的真实场景而非采用模拟页面。

实现思路：引入基于 node 的 API 服务端，该服务端采用 JavaScript 语言编写，读者可选择自己编写服务端或扫码下载服务端。

所需知识：同步数据提交参数设置及简易 API 搭建 (后者为选学内容)。

4.5 《用户注册与数据提交 V2.0》知识学习

《用户注册与数据提交 V2.0》在《用户注册与数据提交 V1.0》的基础上进行了细化。下面对实现 V2.0 版任务所需的知识进行介绍。

4.5.1 增加用户账号验证强度

要求注册账号满足：3~16 位以字母开头的字母、数字、下画线组合，下面分解描述。

(1) 以字母开头：^[a-zA-Z]。

(2) 长度为 2~15 位的字母、数字、下画线组合：([a-zA-Z0-9_]){2,15}。

注意：因为开头字母已经占了 1 位，所以后面的长度范围是 2~15 而非 3~16。

综上所述，能够满足需求的校验注册账号的完整正则表达式如下：

```
/^[A-Za-z]([a-zA-Z0-9_]){2,15}$/
```

4.5.2 增加身份证号码验证强度

中华人民共和国第二代居民身份证号码为 18 位，一般格式如下：

```
xxxxxx yyyy mm dd XXX X
xxxxxx yyyy mm dd XXX 0
```

下面采用正则表达式对其进行分解描述。

(1) 地区：[1-9]\d{5}。

(2) 年份前 2 位：(18|19|20) 代表的年份范围是 1800—2099。

(3) 年份后两位：\d{2}。

(4) 月份：((0[1-9])|10|11|12)。注意：月份采用两位整数表示。

(5) 天数：(([0-2][1-9])|10|20|30|31)。

(6) 三位顺序码：\d{3}。

(7) 校验码：[0-9Xx]。

综上所述，能够校验二代中国身份证号码格式的完整正则表达式如下：

```
^[1-9]\d{5}(18|19|20)\d{2}((0[1-9])|10|11|12)(([0-2][1-9])|10|20|30|31)\d{3}[0-9Xx] $
```

4.5.3 密码明文密文切换

当 input 元素的 type 属性为 text 时，其内容以明文显示；当 input 元素的 type 属性为 password 时，其内容以密文显示。

可以为密码框设置一个切换开关，通过单击该开关切换 type 属性，从而实现密码的明文密文切换。为了提升用户体验，可以采用标志性图片来分别代表明文和密文模式。

【例 4-3】假设当文本框处于密文模式时，在其右侧显示一张闭眼的图片；处于明文模式时，在其右侧显示一张睁眼的图片。请编程实现：单击闭眼图片切换为明文模式；单击睁眼图片切换为密文模式。

本例的核心内容是通过修改 input 元素的 type 属性值实现明文、密文模式切换：

● 单击"睁眼图片"，将 type 属性设为 password，并将图片换成"闭眼图片"。

● 单击"闭眼图片"，将 type 属性设为 text，并将图片换成"睁眼图片"。

由于"闭眼图片"对应"密文模式"，"睁眼图片"对应"明文模式"，可根据文本框的 type 属性值倒推出 img 元素里显示的是"睁眼图片"还是"闭眼图片"。

核心代码如图 4-7 所示。

```
1  function hideShowPwd() {
2      var img = document.getElementById("demo_img");
3      var pwd = document.querySelector('input[name="password"]');
4
5      if (pwd.type == "password") {
6          pwd.type = "text";
7          img.src = "images/openEye.png";
8      } else {
9          pwd.type = "password";
10         img.src = "images/closeEye.png";
11     }
12 }
```

例 4-3

图 4-7 密码框模式切换代码

4.5.4　同步数据提交

前端向服务端提交数据主要有两种方式：同步提交和异步提交。这两种数据提交方式各有特点：同步数据提交稍显笨重但是有利于搜索引擎爬取关键词；异步数据提交能无刷新更新页面，用户体验更好，但对搜索引擎爬取关键词非常不友好。因此，很多既需要曝光率又需要提升用户体验的网站，通常会根据具体需求，用到这两种用户数据提交方式。

本节重点介绍同步数据提交的相关知识。

在 HTML 页面中，通常使用 form(表单) 元素搜集用户信息，并通过提交按钮 (<input type="submit">) 来同步提交表单数据。

下面介绍 <form> 元素与同步数据提交相关的几个关键属性。

1. action 属性

action 属性用于指定表单数据提交的 URL 地址，该地址通常指向一个负责接收和处理表单数据的服务器端脚本或页面。编程者可以通过设置不同的 action 值，将表单数据发送到不同的服务器端处理程序，从而实现不同的业务逻辑需求。

例如：

登录表单的 action 属性可以设置为 http://localhost:3000/login；

注册表单的 action 属性可以设置为 http://localhost:3000/register；

注意：如果未指定 action 属性，表单数据将默认提交到当前页面的 URL 地址。

2. method 属性

method 属性的主要作用是设置表单数据的提交方式。它决定了表单数据是通过 GET 方法还是 POST 方法发送到服务器。

使用 GET 方式提交数据，数据会被附加在 URL 地址的后面进行发送，其内容是可见的，而且可能会被缓存，因此不受保护，容易被篡改，同时受 URL 长度限制。GET 方式适用于发送少量的、非敏感数据，如新闻主从页面中的新闻 id 号。

使用 POST 方式提交数据，数据作为 HTTP 请求体发送，不会显示在 URL 地址上，不受 URL 长度限制，也不会被缓存，因此能够更加安全地保护用户数据。POST 方式适用于发送敏感数据或大量数据，如登录 (密码)、上传文件等。

action 属性通常与 method 属性一起使用，共同决定一个完整的后台服务器路由。

3. onsubmit 属性

当表单中的提交按钮被单击时，会触发表单元素的 submit 事件。表单元素的 onsubmit 属性用于指定 submit 事件的处理函数，负责对表单数据进行预处理。

执行的顺序是先触发 onsubmit 事件，它会执行预设的函数逻辑，对表单数据进行合法性验证。如果验证函数返回 false，表示数据不合法，此时不会执行 action 属性指向的地址 (所代表的后台逻辑)，表单的同步数据提交流程被阻止。如果验证函数返回 true，表示表单数据合法，此时才会执行 action 属性指向的地址 (所代表的后台逻辑)，实现数据的同步提交。

【例 4-4】利用同步数据提交方式，实现登录数据同步提交。假设后台服务器 API 地址为 http://localhost:3000/api/login。

本例通过 form 元素结合输入框、密码框、提交按钮、复位按钮及验证函数共同实现。重点在于 form 元素的几个关键属性设置。验证函数细节可自由设定。这里假设仅当用户名为 admin 且密码为 123456 时验证通过。核心代码如图 4-8、图 4-9 所示。

例 4-4

```
1  <div class="container">
2    <form action="http://localhost:3000/api/login" method="post"
         onsubmit="return check()">
3          用户名:<input type="text" name="username" id="username" required>
4          密码:<input type="password" name="password" id="password" required>
5          <input type="submit" value="登录">
6          <input type="reset" value="重置">
7    </form>
8  </div>
```

图 4-8　HTML 标签

```
1  <script>
2     function check(){
3        let username=document.getElementById("username").value;
4        let password=document.getElementById("password").value;
5        if(username=="admin"&&password=="123456"){
6           return true;
7        }else{
8           alert("用户名或密码错误");
9           return false;
10       }
11    }
12 </script>
```

图 4-9　JavaScript 表单验证核心代码

注意：由于服务器并未启用，当数据合法时虽然会进行数据同步提交，但会得到"无法访问此网站"的网页内容，同时浏览器地址栏显示地址：localhost:3000/api/login。

4.5.5　JSON 数据格式

JSON(JavaScript Object Notation) 是一种轻量级的数据交换格式，它基于 ECMAScript 的一个子集设计，既易于人类阅读和编写，也便于机器解析和生成。JSON 独立于语言设计，很多编程语言都支持 JSON 格式的数据交换 (如 Java、C# 等)。作为 JSON 的原生支持语言，JavaScript 在处理 JSON 数据时更是展现出得天独厚的优势和极高的效率。

JSON 在电子数据交换中有多种用途，客户端与服务器之间的应用程序数据交换大多采用 JSON 数据格式。

JSON 数据的语法规则如下。

(1) 数据结构以对象形式呈现，数据放在一对 {} 内部。

(2) 是一个无序的键值对集合。

(3) 每个键值对由一个键和一个值组成。

(4) 键和值之间用冒号 (:) 分隔。

(5) 键值对之间用逗号 (,) 分隔，最后一个键值对后面无需逗号。

(6) 键必须是字符串，并且用双引号 (") 包围。

(7) 值可以是字符串、数值、布尔值、数组、对象或 null。

(8) 空格和换行：JSON 中的空格和换行是被忽略的，可以使用它们来提高代码可读性。

【例 4-5】编写键值为简单类型的 JSON 数据，并将其输出到控制台。

代码如下：

```
<!DOCTYPE html>
<html lang="en">
<head>
    <meta charset="UTF-8">
    <meta name="viewport" content="width=device-width, initial-scale=1.0">
    <title>Document</title>
</head>
<body>
    <script>
        let student = {
            "name": "Lihua",
            "age": 30,
            "isStudent": false
        }
        console.log(student);
    </script>
</body>
</html>
```

例 4-5

【例 4-6】编写键值为数组的 JSON 数据，并将其输出到控制台。

代码如下。

```
<!DOCTYPE html>
<html lang="en">
<head>
    <meta charset="UTF-8">
    <meta name="viewport" content="width=device-width, initial-scale=1.0">
    <title>Document</title>
</head>
<body>
    <script>
        let students=
        {
            "students":[
                {
                    "name": "Lihua",
```

例 4-6

```
            "age": 30,
            "isStudent": false
        },
        {
            "name": "Tom",
            "age": 20,
            "isStudent": true
        },
        {
            "name": "Jerry",
            "age": 22,
            "isStudent": true
        }
    ]
    }
    console.log(students);
    </script>
</body>
</html>
```

JSON 数据和 JavaScript 对象虽然都是一系列键值对的集合，但是二者存在诸多不同，具体内容如表 4-4 所示。

表 4-4　JSON 数据与 JavaScript 对象区别

对比点	JSON 数据	JavaScript 对象
是否自带方法	JSON 对象不包含任何方法	JavaScript 对象包含各种自带的方法
键名是否带双引号	JSON 数据中的键名必须加双引号	JavaScript 对象中的键名可以不加双引号
值的数据类型限制	JSON 数据只支持有限的数据类型：字符串、数字、布尔值 (true/false)、null、数组和对象	JavaScript 对象可以存储任何 JavaScript 数据类型，包括函数、日期、正则表达式等
用法	JSON 数据主要用于在网络上或不同程序之间传输数据	JavaScript 对象主要用于在 JavaScript 代码中组织和操作数据

在前端开发中，JSON 数据和 JavaScript 对象之间经常进行相互转换：

- 可以使用 JSON.parse() 将 JSON 字符串转换为 JavaScript 对象。
- 可以使用 JSON.stringify() 将 JavaScript 对象转换为 JSON 字符串。

4.5.6　简易 API 服务器搭建

本部分为选学内容。读者可直接扫描例 4-7 的二维码下载服务端。

JavaScript 语言除了可以编写前端页面，也可以基于 Node.js(一个基于 Chrome V8 引擎的 JavaScript 运行环境) 进行服务端开发。为了真实感知前后端数据交互的过程，下面搭建一台真正的 Web 服务端进行展示。

【例 4-7】搭建一台简易 API 服务器用于接收客户端请求。

本例将分步骤创建一台基于 Node.js 的 API 服务器，并将其启动。该服务器能够接收登录和注册两个请求。当 API 服务器收到客户端以 POST 方式提交的请求时，会将客户端传递过来的数据在服务端控制台上进行显示，

例 4-7

同时发送 JSON 格式的响应数据给客户端。只要服务端能显示客户端提交过来的数据，且客户端能收到服务端发送过来的数据，就说明前后端数据通信畅通无阻，数据提交顺利完成。

(1) 下载 Node.js 运行时环境。推荐下载网址：https://nodejs.org/zh-cn。

(2) 安装 Node.js。

(3) 在 D 盘根目录下创建 Server 文件夹。

(4) 初始化项目文件夹：在命令行控制台下执行命令 D:\Server>npm init -y。

(5) 安装 express 框架：在命令行控制台下执行命令 D:\Server>npm i express。

(6) 安装 cors 中间件以实现服务端跨域：在命令行控制台下执行命令 D:\Server>npm i cors。

(7) 在 vscode 中打开 Server 文件夹，在 Server 文件夹下创建 app.js 文件。

(8) 编写如图 4-10 所示的代码。

```
1   const express=require("express");
2   const cors=require("cors");
3   const app=express();
4   app.use(cors());//跨域
5   app.use(express.json());//解析json
6   app.use(express.urlencoded({extended:false}));//解析post请求
7
8   app.post("/api/userRegister",(req,res)=>{
9       console.log(req.body);
10      res.send({
11          code:200,
12          msg:"注册成功"
13      });
14  });
15  app.post("/api/login",(req,res)=>{
16      console.log(req.body);
17      res.send({
18          code:200,
19          msg:"登录成功"
20      });
21  });
22  app.listen(3000,()=>{
23      console.log("服务器启动成功");
24  })
```

图 4-10　简易 API 服务器代码

(9) 在 vscode 集成终端中通过 node app 命令启动服务器：PS D:\Server> node app

至此，一台能够接收用户注册和登录请求的简易 API 服务器搭建完毕，并且已经启动。

(10) 测试。在浏览器中打开【例 4-4】中的页面，在用户名文本框中输入 admin，在密码框中输入 123456，如图 4-11 所示。

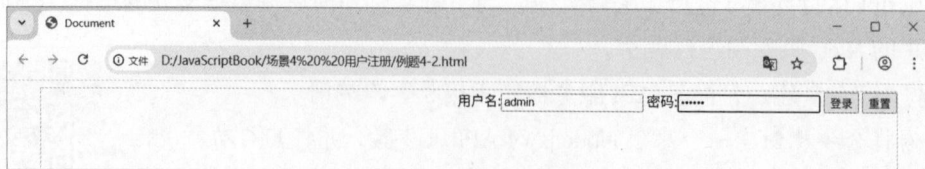

图 4-11　同步数据提交

点击"登录"按钮，发现浏览器中出现如图 4-12 所示的 JSON 数据，这表明客户端能够接收来自服务端的数据。

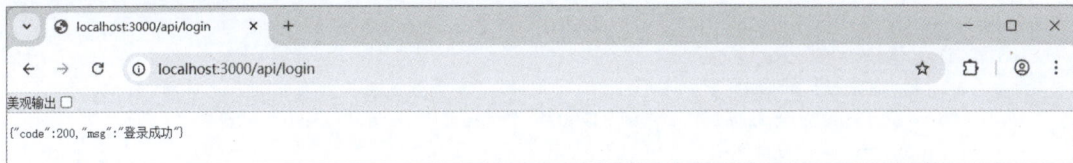

图 4-12　同步数据提交后客户端接收到服务端数据

观察服务端控制台，发现如图 4-13 所示的数据对象。其中，username 属性名为客户端 form 表单中用于存放用户名的文本框的 name 值，属性值为文本框中的内容；password 属性名为客户端 form 表单中用于存放密码的密码框的 name 值，属性值为密码框中的内容。这表明服务端能够接收客户端发送过来的数据。

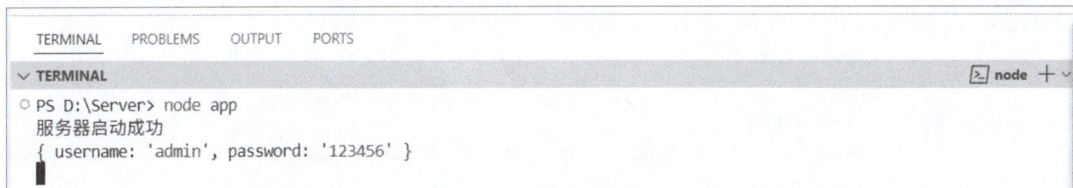

图 4-13　同步数据提交后服务端接收到客户端数据

至此，客户端与服务端完美握手，同步数据提交成功。

> **实战小贴士**
>
> 当 form 表单中的数据以同步方式提交给服务端时，用于存放数据的 HTML 元素必须设置 name 属性，这是因为服务端通过 name 值来获取数据。

4.6　《用户注册与数据提交 V2.0》编程实现

下面分步骤实现《用户注册与数据提交 V2.0》。

(1) 创建 userRegV2.0.html，并迅速生成如下代码框架：

```html
<!DOCTYPE html>
<html lang="en">
<head>
    <meta charset="UTF-8">
    <meta name="viewport" content="width=device-width, initial-scale=1.0">
    <title>Document</title>
</head>
<body>
</body>
</html>
```

(2) 修改页面标题：

```
<title>用户注册 V2.0</title>
```

(3) 在 \<body>\</body> 标签中添加页面元素如下：

```
<div class="container">
    <h1>用户注册 V2.0</h1>
    <form action="http://localhost:3000/api/userRegister" method="post">
        <div class="row">
            登录账号：<input type="text" name="userName" placeholder=" 请输入 3~16 位以字母
开头的字母、数字、下画线组合 ">
                <span class="userName-tips"></span>
        </div>
        <div class="row">
            登录密码：<input type="password" name="password" placeholder=" 请输入 6~16 位
的密码 ">
                    <img src="./images/closeEye.png" alt="" id="demo_img"
onclick="hideShowPwd()">
                <span class="password-tips"></span>
        </div>
        <div class="row">
            确认密码：<input type="password" name="password2" placeholder=" 请再次输入登
录密码 ">
                    <img src="./images/closeEye.png" alt="" id="demo_img2"
onclick="hideShowPwd2()">
                <span class="password2-tips"></span>
        </div>
        <div class="row">
            手机号码：<input type="text" name="mobile" placeholder=" 请输入手机号码 ">
            <span class="mobile-tips"></span>
        </div>
        <div class="row">
            身份证号：<input type="text" name="id" placeholder=" 请输入二代身份证号码 ">
            <span class="id-tips"></span>
        </div>
        <div class="row">
            注册邮箱：<input type="email" name="email" placeholder=" 请输入邮箱地址 ">
            <span class="email-tips"></span>
        </div>
        <div class="row, last">
            <input type="submit" value=" 注册 ">
            <input type="reset" value=" 重置 ">
        </div>
    </form>
</div>
```

(4) 在 \<head>\</head> 标签中添加样式如下：

```
<style>
    .container {
        width: 700px;
        margin: 0 auto;
    }
```

```
.row {
    padding-top: 5px;
    height: 42px;
    border-bottom: 1px solid #aaa;
    margin-bottom: 10px;
    color: #aaa;
    position: relative;
}

.last {
    border: none;
    text-align: center;
}

.userName-tips,
.password-tips,
.password2-tips,
.mobile-tips,
.id-tips,
.email-tips {
    color: red;
    font-size: 12px;
}

h1 {
    text-align: center;
    color: green;
}

input {
    width: 320px;
    height: 30px;
}

input[type="submit"],
input[type="reset"] {
    width: 100px;
    height: 40px;
    background-color: green;
    color: white;
    border: none;
    border-radius: 5px;
}

img {
    position: absolute;
    width: 40px;
    height: 20px;
    margin-left: -45px;
    top: 14px;
```

```
    }
</style>
```

(5) 在最后一个 </div> 标签下面添加 JavaScript 代码如下:

```html
<script>
    var userName = document.querySelector('input[name="userName"]');
    var password = document.querySelector('input[name="password"]');
    var password2 = document.querySelector('input[name="password2"]');
    var mobile = document.querySelector('input[name="mobile"]');
    var id = document.querySelector('input[name="id"]');
    var email = document.querySelector('input[name="email"]');
    var form = document.querySelector('form');
    userName.focus();
    userName.onfocus = function () {
        document.querySelector('.userName-tips').innerHTML = "";
    };
    password.onfocus = function () {
        document.querySelector('.password-tips').innerHTML = "";
    };
    password2.onfocus = function () {
        document.querySelector('.password2-tips').innerHTML = "";
    };
    mobile.onfocus = function () {
        document.querySelector('.mobile-tips').innerHTML = "";
    };
    id.onfocus = function () {
        document.querySelector('.id-tips').innerHTML = "";
    };
    email.onfocus = function () {
        document.querySelector('.email-tips').innerHTML = "";
    };

    function hideShowPwd() {
        var img = document.getElementById("demo_img");
        var pwd = document.querySelector('input[name="password"]');

        if (pwd.type == "password") {
            pwd.type = "text";
            img.src = "images/openEye.png";
        } else {
            pwd.type = "password";
            img.src = "images/closeEye.png";
        }
    }
    function hideShowPwd2() {
        var img = document.getElementById("demo_img2");
        var pwd2 = document.querySelector('input[name="password2"]');

        if (pwd2.type == "password") {
            pwd2.type = "text";
```

```
                img.src = "images/openEye.png";
        } else {
            pwd2.type = "password";
            img.src = "images/closeEye.png";
        }
    }

 function checkForm() {
        let uv = userName.value;
        let pv = password.value;
        let pv2 = password2.value;
        let mv = mobile.value;
        let iv = id.value;
        let ev = email.value;

        // 校验账号
        var nameReg = /^[A-Za-z]([a-zA-Z0-9_]){2,15}$/;
        if (!nameReg.test(uv)) {
             document.querySelector('.userName-tips').innerHTML = "请输入 3~16 位以字母开
头的字母、数字、下画线组合!";
             return false;
        }

        // 校验密码
        if (pv.length < 6 || pv.length > 16) {
                document.querySelector('.password-tips').innerHTML = "请输入 6~16 位的
密码!";
             return false;
        }

        // 校验确认密码
        if (pv !== pv2) {
             document.querySelector('.password2-tips').innerHTML = "登录密码与确认密码必
须一致! ";
             return false;
        }

        // 验证手机号
        if (!/^1[3-9]\d{9}$/.test(mv)) {
            document.querySelector('.mobile-tips').innerHTML = "手机号码格式有误! ";
            return false;
        }

        // 验证二代身份证号码
        var idReg=
    /^[1-9]\d{5}(18|19|20)\d{2}((0[1-9])|10|11|12)(([0-2][1-9])|10|20|30|31)\d{3}[0-
9Xx]$/;
        if (!idReg.test(iv)) {
            document.querySelector('.id-tips').innerHTML = "身份证号码格式有误! ";
            return false;
        }
```

151

```
        // 验证邮箱格式
        if (!/^\w+@\w+\.\w+$/.test(ev)) {
            document.querySelector('.email-tips').innerHTML = " 注册邮箱格式有误! ";
            return false;
        }
    }
    form.onsubmit = function () {
        return checkForm();
    }
</script>
```

userRegV2.0

说明：

- hideShowPwd() 方法和 hideShowPwd2() 方法分别用于切换密码框和确认密码框的明文和密文模式。
- checkForm() 用于表单验证。

至此，《用户注册与数据提交 V2.0》实现完毕。

4.7 《用户注册与数据提交 V3.0》需求与技术分析

《用户注册与数据提交 V2.0》在功能及用户体验上有了一定的改进，但并非完美无瑕。例如：没有及时验证，所有验证都在单击提交按钮那一刻进行，用户体验不是很好；没有考虑空格带来的影响等。

4.7.1 《用户注册与数据提交 V3.0》任务描述

《用户注册与数据提交 V3.0》除了需要改进《用户注册与数据提交 V2.0》中不完美的地方，还将引入异步数据提交和第三方工具的相关知识。具体项目需求如下：

(1) 及时反馈数据合法性。

(2) 过滤空格，考虑非空。

(3) 使用 jQuery 的 Ajax 技术实现异步数据提交。

4.7.2 《用户注册与数据提交 V3.0》任务效果

《用户注册与数据提交 V3.0》任务效果如图 4-14 所示。(注意：这些图片是在服务端开启的情况下，于前后端数据交互过程中截取的。)

图 4-14 《用户注册与数据提交 V3.0》任务效果

4.7.3 《用户注册与数据提交 V3.0》技术分析

根据需求，可知这一版本的页面引入了三项任务。

(1) 即时提示出错信息。

实现思路：在各种输入框的离开焦点事件中编写验证合法性代码。

对应知识：事件及事件处理函数，在实战主题 3 中已讲。

(2) 考虑非空及过滤空格。

实现思路：对每个输入框进行非空判断和去掉前后空格处理。

对应知识：String 对象常用方法，在实战主题 2 中已讲。

(3) 实现数据异步提交。

实现思路：利用 JavaScript 第三方工具 jQuery 的 ajax() 方法实现异步无刷更新。

对应知识：jQuery 及第三方工具的使用。

4.8 《用户注册与数据提交 V3.0》知识学习

《用户注册与数据提交 V3.0》将引入全新的 jQuery 知识和技巧，借助第三方工具，实现更加完美的项目效果。

4.8.1 第三方工具 jQuery

1. jQuery 简介

jQuery 是一个快速、简洁的 JavaScript 框架，是继 Prototype 之后的又一个优秀的 JavaScript 代码库。jQuery 设计的宗旨是 "Write Less, Do More"，即倡导写更少的代码，实现更多的功能。它封装了 JavaScript 的常用功能代码，提供了一种简便的 JavaScript 设计模式，优化了 HTML 文档操作、事件处理、动画设计和 Ajax 交互。

jQuery 的核心特性包括：具有独特的链式语法和短小清晰的多功能接口；具有高效灵活的 CSS 选择器，并且可对 CSS 选择器进行扩展；具备便捷的插件扩展机制和丰富的插件。此外，jQuery 兼容各种主流浏览器，如 IE 6.0+、FF 1.5+、Safari 2.0+、Opera 9.0+ 等。

jQuery 于 2006 年 1 月由 John Resig 发布，目前最新版本为 3.7.1。jQuery 的 Ajax 异步无刷更新技术曾经作为异步数据提交的主流方案风靡一时。但是现在随着更先进的框架和技术出现 (如 Vue，Angular，React 等)，jQuery 渐渐失去了竞争力。由于 Vue，Angular，React 中任何一款框架都有相对复杂的机制，不可能在很短的时间内让一个只会原生 JavaScript 语言的程序员上手使用，相比之下，jQuery 与 JavaScript 最为亲近，学习起来非常容易，学习成本最低，所以本项目主体采用 jQuery 来完成。

其他 JavaScript 第三方工具的使用流程与 jQuery 类似。总之，工具就像容易使用的黑盒子，先将其请进来，再按照说明书使用，就可以达到所需效果。当今社会科技高速发展，软件技术日新月异，新知识、新技术层出不穷，软件学习者和软件开发者都要持续学习，与时俱进。

2. jQuery 使用流程

(1) 在网页中引入 jQuery。可以采用多种方法在网页中添加 jQuery。

方法 1：先将 jQuery 库下载到本地，然后通过 <script src="./js/jquery.min.js"></script> 的方式将其引入到网页中。

方法 2：从 CDN 中载入 jQuery，示例代码如下：

```
<!-- 引入 Google CDN 的 jQuery -->
<script src="https://ajax.googleapis.com/ajax/libs/jquery/3.6.0/jquery.min.js"></script>
```

(2) 在 <script></script> 中使用 jQuery。

3. jQuery 基本语法

jQuery 的基本语法通过 $(selector).action() 形式实现。其中，$() 是一个函数，用于选择和操作 HTML 元素。selector 用于指定要选择的元素，而 action() 则定义了对这些元素的操作。

(1) 元素选择。

jQuery 提供了多种 selector(选择器) 来选取 HTML 元素，这些选择器基于已经存在的 CSS 选择器，除此之外，还有一些 jQuery 自定义的选择器，例如，

- ID 选择器：$("#id")。
- 类选择器：$(".class")。
- 元素选择器：$("element")。
- 属性选择器：$("[attribute=value]")。
- 后代选择器：$("parent child")。
- 子代选择器：$(".parent > .child")。

(2) 内置方法。

jQuery 提供了多种方法来操作选取的元素，例如，

- hide() 和 show()：隐藏和显示元素。
- text() 和 html()：获取和设置元素的文本或 HTML 内容。
- attr() 和 removeAttr()：获取和删除元素的属性。
- addClass() 和 removeClass()：添加和删除元素的类。
- append()、prepend()、after() 和 before()：向元素内部或外部添加内容。

(3) 事件处理。

jQuery 为 HTML 元素指定事件及事件处理函数的语法示例如下：

```
$("#btn").click(function(){
    $("#userName").val("Li Hua");
});
```

其中，$("#btn") 为 id 值为 btn 的 HTML 元素；click 为单击事件；click 括号中的函数为单击事件的处理函数。

jQuery 的文档就绪事件及处理函数语法如下：

```
$(document).ready(function(){
    // 开始写 jQuery 代码...
});
```

也可以简写为

```
$(function(){
  // 开始写 jQuery 代码...
})
```

以上介绍了 jQuery 的一些基本语法，对更多细节感兴趣的读者可自行查阅互联网。

4. jQuery 经典方法应用

(1) val() 方法。

val() 方法用于返回或设置被选元素的 value 属性值。该方法通常与 HTML 表单元素一起使用。当用于返回值时，该方法返回第一个匹配元素的 value 属性的值；当用于设置值时，该方法设置所有匹配元素的 value 属性的值。

假如用户名存放在 id 为 userName 的文本框中，将用户名清空的 jQuery 代码如下：

```
$("#userName").val("");
```

(2) ajax() 方法。

ajax() 方法用于执行 Ajax(异步 HTTP) 请求。该方法常用语法如下：

```
$.ajax({
    name1:value1,
    name2:value2,
 ...
})
```

其中，{} 中的内容为 Ajax 请求的一个或多个键 / 值对，常用键名及其描述如表 4-5 所示，这里仅列出与本项目相关的键名，对更多其他键名感兴趣的读者，请自行查阅互联网。

表 4-5　ajax() 方法常用键名

键名	含义
type	规定请求的类型 (GET 或 POST)
url	规定发送请求的 URL。默认是当前页面
dataType	预期的服务器响应的数据类型
data	规定要发送到服务器的数据
success(result,status,xhr)	当请求成功时运行的函数
error(xhr,status,error)	如果请求失败要运行的函数
timeout	设置本地的请求超时时间 (以毫秒计)

【例 4-8 】以 POST 方式，异步请求服务器，并发送客户端数据给服务器。

原生 JavaScript 也可以实现异步请求服务器，但是技术实现较为复杂且陈旧。本例将使用 jQuery 的 ajax() 方法实现服务端异步请求。代码如下：

```
$.ajax({
        url: "http://localhost:3000/api/login",   // 请求的服务器 api 地址
        type:"post",                              // 请求方式
        data:{     // 提交的数据
            userName: "zhangsan",
            password: "123"
        },
        success:function(result){                  // 异步提交数据成功
            if(result.code == 200){
                alert(" 登录成功 ");
            }else{
                alert(" 服务端注册失败 ");
            }
```

例 4-8

```
        },
    error:function(){  // 异步提交数据失败
        alert(" 服务端注册失败 ");
    }
});
```

4.8.2　即时错误提示

当文本框的 blur(焦点离开) 事件发生时，对文本框中的数据进行合法性验证，可以实现即时提示的效果。

【例 4-9】假如用户名存放在一个 id 值为 userName 的文本框中，要求用户名必须为 3~16 位以字母开头的字母、数字、下画线组合，当焦点离开该文本框时，如果输入内容不符合要求，立即显示错误提示。

本例可以利用 4.5.1 节中的正则表达式进行格式判断，在 blur 事件中编写判断逻辑。具体核心代码如图 4-15、图 4-16 所示，执行效果如图 4-17 所示。

```
1   <div class="container">
2       <h1>用户注册</h1>
3       <div class="row">
4          登录账号：<input type="text" id="userName" placeholder="请输入3~16位的账号">
5                  <span id="userName-tips"></span>
6       </div>
7       <div class="row">
8          登录密码：<input type="password" id="password" placeholder="请输入6~16位的密码">
9                  <span id="password-tips"></span>
10      </div>
11      <div class="row, last">
12          <button id="btnSubmit">注册</button>
13          <button id="btnReset">重置</button>
14      </div>
15  </div>
```

图 4-15　即时提示格式错误 HTML 编码

例 4-9

```
1   <script>
2       $(function () {
3           var flag1=false;//用于记录用户名是否合法，默认为非法
4           $("#userName").focus();//页面加载后，光标自动聚焦到用户名输入框
5           $("#userName").blur(function () {
6               var reg =/^[A-Za-z]([a-zA-Z0-9_]){2,15}$/;
7               if ($("#userName").val().trim() == "") {
8                   $('#userName-tips').html("用户名不能为空");
9                   flag1=false;
10              } else if (!reg.test($("#userName").val().trim())) {
11                  $('#userName-tips').html("请输入3-16位以字母开头的字母、数字、下划线组合!");
12                  flag1=false;
13              }else{
14                  flag1=true;
15                  $('#userName-tips').html("");
16              }
17          });
18      });
19  </script>
```

图 4-16　即时提示格式错误 JavaScript 代码

其中：

- 第 3 行 JavaScript 代码用于记录用户名是否合法，默认为非法。通过设置标志来表示状态情况是常用的编程技巧之一。
- 第 4 行代码用于实现页面加载后，光标自动聚焦到用户名输入框。
- 第 5~17 行代码用于即时判定用户账号合法性。

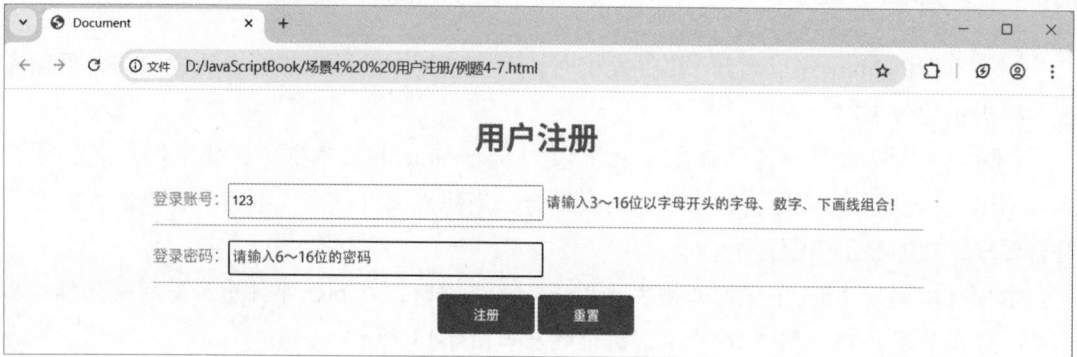

图 4-17　即时提示格式错误执行效果

4.9　《用户注册与数据提交 V3.0》编程实现

下面分步骤实现《用户注册与数据提交 V3.0》。

(1) 创建 userRegV3.0.html，并迅速生成如下代码框架：

```
    <!DOCTYPE html>
<html lang="en">
<head>
    <meta charset="UTF-8">
    <meta name="viewport" content="width=device-width, initial-scale=1.0">
    <title>Document</title>
</head>
<body>
</body>
</html>
```

(2) 修改页面标题：

```
<title>用户注册 V3.0</title>
```

(3) 在 <body></body> 标签中添加页面元素如下：

```
    <div class="container">
    <h1> 用户注册 V3.0</h1>
    <!-- <form action="http://localhost:3000/register" method="post"> -->

        <div class="row">
            登录账号:<input type="text" name="userName" id="userName" placeholder="
请输入 3~16 位以字母开头的字母、数字、下画线组合 ">
```

```
                <span id="userName-tips"></span>
            </div>
            <div class="row">
                    登录密码:<input type="password" name="password" id="password"
placeholder="请输入 6~16 位的密码">
                    <img src="./images/closeEye.png" alt="" id="demo_img">
                    <span id="password-tips"></span>
            </div>
            <div class="row">
                    确认密码:<input type="password" name="password2" id="password2"
placeholder="请再次输入登录密码">
                    <img src="./images/closeEye.png" alt="" id="demo_img2">
                    <span id="password2-tips"></span>
            </div>
            <div class="row">
                手机号码:<input type="text" name="mobile" id="mobile" placeholder="请
输入手机号码">
                    <span id="mobile-tips"></span>
            </div>
            <div class="row">
                身份证号码:<input type="text" name="id" id="id" placeholder="请输入二代
身份证号码">
                    <span id="id-tips"></span>
            </div>
            <div class="row">
                注册邮箱:<input type="email" name="email" id="email" placeholder="请输
入邮箱地址">
                    <span id="email-tips"></span>
            </div>
            <div class="row, last">
                <button id="btnSubmit">注册</button>
                <button id="btnReset">重置</button>
            </div>
    </div>
```

(4) 在 <head></head> 标签中添加样式如下:

```
<style>
    .container {
        width: 700px;
        margin: 0 auto;
    }

    .row {
        padding-top: 5px;
        height: 42px;
        border-bottom: 1px solid #aaa;
        margin-bottom: 10px;
        color: #aaa;
        position: relative;
    }

    .last {
        border: none;
```

```
            text-align: center;
        }

        #userName-tips,
        #password-tips,
        #password2-tips,
        #mobile-tips,
        #id-tips,
        #email-tips {
            color: red;
            font-size: 12px;
        }

        h1 {
            text-align: center;
            color: green;
        }

        input {
            width: 320px;
            height: 30px;
        }

        #btnSubmit,#btnReset{
            width: 100px;
            height: 40px;
            background-color: green;
            color: white;
            border: none;
            border-radius: 5px;
        }

        img {
            position: absolute;
            width: 40px;
            height: 20px;
            margin-left: -45px;
            top: 14px;
        }
        a{
            color: green;
            vertical-align: bottom;
        }
    </style>
```

(5) 在最后一个 </div> 标签下面添加 JavaScript 代码如下：

```
<script>
    $(function () {
        $("#userName").focus();// 获取焦点

        var flag1=false;// 用户名合法标志
        var flag2=false;// 密码合法标志
        var flag22=false;// 两次密码是否一致标志
```

```
var flag3=false;// 手机号码合法标志
var flag4=false;// 身份证号码合法标志
var flag5=false;// 邮箱合法标志

//  获取焦点清空提示信息
$("#userName").focus(function () {
    $('#userName-tips').html("");
});
$("#password").focus(function () {
    $('#password-tips').html("");
});
$("#password2").focus(function () {
    $('#password2-tips').html("");
});
$("#mobile").focus( function () {
    $('#mobile-tips').html("");
});
$("#id").focus(function () {
    $('#id-tips').html("");
});
$("#email").focus(function () {
    $('#email-tips').html("");
});

// 逐个进行合法性验证
$("#userName").blur(function () {
        var reg =/^[A-Za-z]([a-zA-Z0-9_]){2,15}$/;
        if ($("#userName").val().trim() == "") {
            $('#userName-tips').html(" 用户名不能为空 ");
            flag1=false;
        } else if (!reg.test($("#userName").val().trim())) {
            $('#userName-tips').html(" 请输入 3~16 位以字母开头的字母、数字、下画
线组合 !");

            flag1=false;
        }else{
            flag1=true;
        }
});
$("#password").blur(function () {
    var reg = /^[\w]{6,16}$/;
    if ($("#password").val().trim() == "") {
        $('#password-tips').html(" 密码不能为空 ");
        flag2=false;
    } else if (!reg.test($("#password").val().trim())) {
        $('#password-tips').html(" 请输入 6~16 位的密码 !");
        flag2=false;
    }else{
```

161

```
                flag2=true;
            }
        });
        $("#password2").blur(function () {
            if ( $("#password2").val().trim() == "" ) {
                $('#password2-tips').html(" 确认密码不能为空 ");
                flag22=false;
            } else if ($("#password2").val().trim() != $("#password").val().trim()) {
                $('#password2-tips').html(" 登录密码与确认密码必须一致 !");
                flag22=false;
            }else{
                flag22=true;
            }
        });
        $("#mobile").blur(function () {
            var reg = /^1[3-9]\d{9}$/;
            if ($("#mobile").val().trim()== "") {
                $('#mobile-tips').html(" 手机号不能为空 ");
                flag3=false;
            } else if (!reg.test($("#mobile").val().trim())) {
                $('#mobile-tips').html(" 手机号码格式有误 !");
                flag3=false;
            }else{
                flag3=true;
            }
        });
        $("#id").blur(function () {
                var reg =/^[1-9]\d{5}(18|19|20)\d{2}((0[1-9])|10|11|12)(([0-2][1-
9])|10|20|30|31)\d{3}[0-9Xx]$/;
            if ($("#id").val().trim()== "") {
                $('#id-tips').html(" 身份证号码不能为空 ");
                flag4=false;
            } else if (!reg.test($("#id").val().trim())) {
                $('#id-tips').html(" 身份证号码格式有误 !");
                flag4=false;
            }else{
                flag4=true;
            }
        });
        $("#email").blur(function () {
            var reg = /^([a-zA-Z0-9_-])+@([a-zA-Z0-9_-])+(.[a-zA-Z0-9_-])+/;
            if ($("#email").val().trim() == "") {
                $('#email-tips').html(" 邮箱不能为空 ");
                flag5=false;
            } else if (!reg.test($("#email").val().trim())) {
                $('#email-tips').html(" 邮箱格式不正确 ");
                flag5=false;
            }else{
```

```
        flag5=true;
    }
});


// 点击睁眼闭眼图片切换密文显示还是明文显示
$("#demo_img").click(function hideShowPwd() {
    var img = $("#demo_img");
    var pwd = $("#password");

    if (pwd.attr("type") == "password") {
        pwd.attr("type","text");
        img.attr("src","images/openEye.png");
    } else {
        pwd.attr("type","password");
        img.attr("src","images/closeEye.png");
    }
});
$("#demo_img2").click(function hideShowPwd2() {
    var img2 = $("#demo_img2");
    var pwd2 = $("#password2");
    if (pwd2.attr("type") == "password") {
        pwd2.attr("type","text");
        img2.attr("src","images/openEye.png");
    } else {
        pwd2.attr("type","password");
        img2.attr("src","images/closeEye.png");
    }
});


// 最终提交按钮的汇总校验函数，如果校验不通过，则返回 false
function checkForm() {
    if (!flag1) { // 校验用户名
        return false;
    }else if (!flag2) {          // 校验密码
        return false;
    }else if (!flag22) {         // 校验确认密码
        return false;
    }else if (!flag3) {          // 验证手机号
        return false;
    }else if (!flag4) {          // 验证身份证号码
        return false;
    }else if (!flag5) {          // 验证邮箱格式
        return false;
    }else{
        return true;
    }
}
```

163

```javascript
$("#btnSubmit").click(function(){
    if (checkForm()) {
        // 异步提交给服务器数据
        $.ajax({
            url: "http://localhost:3000/api/userRegister",// 请求服务器 api 地址
            type:"post",          // 请求方式
            data:{                // 提交的数据
                userName:$("#userName").val().trim(),
                password:$("#password").val().trim(),
                mobile:$("#mobile").val().trim(),
                id:$("#id").val().trim(),
                email:$("#email").val().trim()
            },
            success:function(result){
                if(result.code == 200){
                    console.log(result);
                    alert(" 服务端注册成功 ");
                    window.location.href = "ok.html";
                }else{
                    alert(" 服务端注册失败 ");
                }
            },
            error:function(){
                alert(" 服务端注册失败 ");
            }
        })
    } else {
        alert(" 格式不对导致注册失败 !");
    }
});
$("#btnReset").click(function(){
    $("#userName").val("");             // 清空用户名
    $('#userName-tips').html("");       // 清空用户名提示信息
    $("#password").val("");             // 清空密码
    $('#password-tips').html("");       // 清空密码提示信息
    $("#password2").val("");            // 清空确认密码
    $('#password2-tips').html("");      // 清空确认密码提示信息
    $("#mobile").val("");               // 清空手机号
    $('#mobile-tips').html("");         // 清空手机号提示信息
    $("#id").val("");                   // 清空身份证号码
    $('#id-tips').html("");             // 清空身份证号码提示信息
    $("#email").val("");                // 清空邮箱
    $('#email-tips').html("");          // 清空邮箱提示信息
    flag1=false;
    flag2=false;
    flag22=false;
    flag3=false;
```

userRegV3.0

164

```
            flag4=false;
            flag5=false;
        });
    });
</script>
```

至此，《用户注册与数据提交 V3.0》实现完毕。

说明 1：checkForm() 方法用于验证所有输入数据是否合法，只有在全部合法时才向服务端发起异步请求。该方法除了通过 if 语句实现 (如上述代码所示)，也可以使用逻辑与快捷实现，代码如下：

```
// 最终提交按钮的汇总校验函数，如果校验不通过，则返回 false
function checkForm() {
    if (flag1&&flag2&&flag22&&flag3&&flag4&&flag5) { // 校验用户名
        return true;
    }else{
        return false;
    }
}
```

实际上，JavaScript 中的逻辑与就是短路与，其实现逻辑与 if...else if...else if...else 是一致的。对于同样的实现逻辑，采用的代码不一样，代码行数和复杂度也会大不相同。前者需要 17 行代码，而后者仅仅需要 8 行，前者用了嵌套 if，后者用一个简单的 if...else 就解决了问题。

> **实战小贴士**
>
> 　　同样的功能，采用不同的算法和不同的实现思路，代码质量可能大不相同。对于初学者或者新手程序员而言，除了多多研读和学习优秀程序员的代码，更要多加练习。经验是在实践中积累起来的。

说明 2：本项目运行时，采用与《用户注册与数据提交 V2.0》相同的 API 服务器即可。具体操作步骤可参照 4.5.6 节。注意，先启动服务器，再运行注册页面，顺序一定不要搞反了！

课后习题

一、问答题

1. 什么是正则表达式？正则表达式主要用来做哪些事情？

2. 什么是同步数据提交？主要使用什么 HTML 元素的哪些属性？

3. 什么是异步数据提交？如何使用 jQuery 实现异步数据提交？

4. 假如要求密码长度为 3~15 位，且必须同时包含大写字母和小写字母，该如何编写正则表达式？

二、单项选择题

1. 在 JavaScript 中，哪个字符用于开始正则表达式？（   ）

    A. $ B. *   C. /   D. #

2. 正则表达式 /\d+/ 匹配以下哪个字符串？（   ）

    A. "one"   B. "23"   C. "four five"   D. "six."

3. 正则表达式 /^abc$/ 匹配以下哪个字符串？（   ）

    A. "abcd"   B. "aabbcc"   C. "abc"   D. "aabc"

4. 正则表达式 /[a-z]/ 匹配以下哪个字符？（   ）

    A. "a"   B. "A"   C. "1"   D. " "

5. 如何在正则表达式中表示"或"关系？（   ）

    A. | B. &   C. &&   D. ||

三、编程实践题

1. 请采用同步数据提交方式模拟用户登录功能。

2. 请采用异步数据提交方式模拟用户登录功能。

3. 请借助互联网资源，利用 jQuery 实现幻灯片轮播效果。（提示：jQuery 可以使用插件）

打地鼠游戏

JavaScript 语言不仅可以实现传统意义上的网页与用户交互，还能用于制作网页游戏，实现密集交互的效果。在互联网中，有许多使用 JavaScript 语言编写的网页游戏。软件技术不仅能够赋能物质生活，而且能够丰富人们的精神世界。

在浩瀚的网络世界中，存在着无数款经典之作。它们无一例外地向世人彰显着精益求精的工匠精神。我国的 IT 精英们作为世界先进技术力量的重要组成部分，更是将"敬业、精益、专注、创新"等优秀品质发挥到极致，取得了举世瞩目的成就，优秀产品更是层出不穷。华为鸿蒙系统的开发者们在研发中秉持"十年磨一剑"的精神，攻克了分布式架构等多项核心技术难关，纯血鸿蒙华丽诞生；梁文峰团队研发的 DeepSeek 以其强大的大模型技术、高超的算法和无私的开源精神，成为全球人工智能领域的杰出代表，为全球 AI 发展注入了创新和活力；宇树科技的机器人已经在春晚的舞台上载歌载舞……总之，在大家的共同努力下，我国在软件领域和硬件领域均取得了突破性进展。每一个软件人都应该以优秀的软件工匠为榜样，努力学习和践行工匠精神。

打地鼠游戏是一款耳熟能详的经典的小游戏，它规则简单，容易上手，紧张刺激，老幼皆宜，很多人的童年回忆中都有它的影子。只是这次，读者的身份将发生重大转变，即从打地鼠游戏软件的使用者，切换为打地鼠游戏软件的开发者。

本主题将通过三个版本的 JavaScript 迭代，带领读者制作一款带有自己特色的网页版打地鼠游戏。在此过程中，读者不仅能掌握 BOM 和 eCharts 的相关知识，还能提升软件开发能力和综合素养。

知识目标

➢ 了解 BOM 的概念。

➢ 掌握 setInterval() 和 setTimeout() 使用方法。

➢ 掌握 JavaScript 对象相关知识。

➢ 掌握键盘事件。

➢ 掌握 window 对象常用属性和方法。

➢ 掌握其他 BOM 对象常用属性和方法。

➢ 掌握 this 的含义。

➢ 掌握第三方工具的使用方法。

能力目标

➢ 能够使用 window 对象方法进行页面级操作。

➢ 能够使用 history 对象控制浏览器历史记录。

➢ 能够使用 screen 对象获取用户屏幕信息。

➢ 能够使用 setTimeout() 设计延时事件。

➢ 能够利用键盘事件指定快捷键。

➢ 能够使用 location 对象进行页面导航。

➢ 能够使用 navigator 对象获取浏览器信息。

➢ 能够使用 setInterval() 设计定时事件。

➢ 能够自定义对象。

➢ 能够使用 ECharts 进行数据可视化呈现。

素养目标

➢ 培养良好的编码习惯和编码风格。

➢ 培养思考与分析能力。

➢ 培养终身学习能力。

➢ 培养和践行精益求精的工匠精神。

➢ 培养软件复用思想。

➢ 培养综合运用知识能力。

➢ 培养"他山之石可以攻玉"的思想。

➢ 培养基于事件驱动的软件设计思想。

思维导图

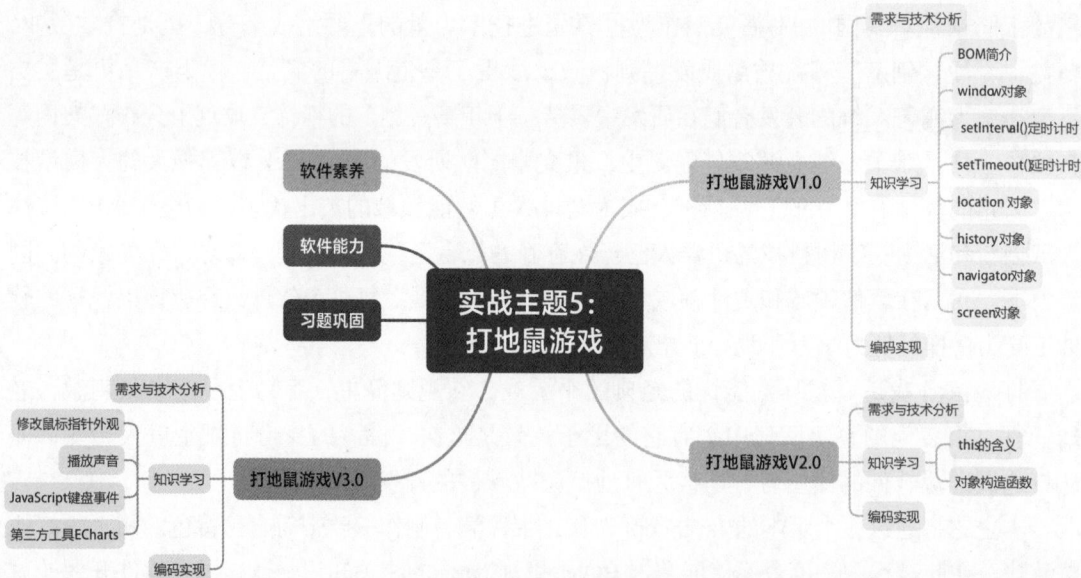

5.1 《打地鼠游戏 V1.0》需求与技术分析

麻雀虽小，五脏俱全。《打地鼠游戏 V1.0》是一款相对独立的小应用，也是一款能够综合运用本书前面主题所有知识的综合性作品。下面将从任务描述、任务效果和技术分析三个维度对《打地鼠游戏 V1.0》进行介绍。

5.1.1 《打地鼠游戏 V1.0》任务描述

本任务将实现打地鼠游戏基础版，具体需求如下。

(1) 用户单击"开始"按钮，开始游戏。

(2) 游戏开始后，地鼠在指定区域范围内随机移动。

(3) 用户用鼠标点击地鼠，在地鼠的一次出现过程中，如果击中地鼠，则本轮得分；否则不得分。

(4) 地鼠被击中后，由活地鼠图片变成死地鼠图片。

(5) 地鼠在一次出现过程中，无论被点击多少次，只记录击中 1 次。

(6) 当用户单击"结束"按钮时，游戏结束，同时显示本次游戏的百分制得分。

(7) 得分的计算方法：(打中地鼠次数 / 地鼠的总出现次数)*100，结果四舍五入。

5.1.2 《打地鼠游戏 V1.0》任务效果

《打地鼠游戏 V1.0》任务效果如图 5-1 所示。

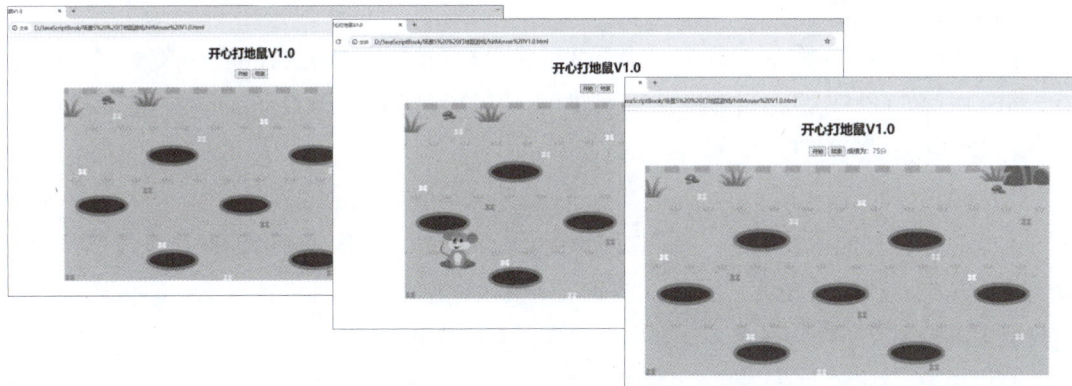

图 5-1　《打地鼠游戏 V1.0》任务效果

5.1.3 《打地鼠游戏 V1.0》技术分析

根据需求，我们可以知道，下面几个问题是制作游戏的关键。我们采用一问一答的形式，逐一进行破解。

(1) 如何让地鼠位置可控?

实现思路:通过样式表进行控制。将地鼠图片设置为绝对定位,其父容器设置为相对定位。然后通过 JavaScript 代码控制地鼠图片样式的 left 值和 top 值即可。

对应知识:修改页面元素属性,在实战主题 3 中已有介绍。

(2) 如何让地鼠的位置随机?

实现思路:通过 Math 对象的随机数生成函数,生成指定范围内的随机数值。由于地鼠图片样式表中的 left 和 top 值控制地鼠的位置,想实现位置随机,只要分别让 left 和 top 值随机即可。

对应知识:Math.random() 函数的应用,在实战主题 2 中已有介绍。

(3) 如何让地鼠在指定范围 (游戏背景图) 内出现?

实现思路:让 left 最大值 = 游戏背景图宽度 - 地鼠图片宽度;让 top 最大值 = 游戏背景高度 - 地鼠高度;让 left 最小值为 0;让 top 最小值为 0。

对应知识:借助图片处理软件来获取图片的宽度和高度 (略),或参照例 3-3 通过属性获得。

(4) 如何让地鼠每隔一段时间出来一次?

实现思路:使用定时计时器,实现每隔一段时间修改一次地鼠图片位置。

对应知识:JavaScript BOM。

(5) 如何更换地鼠图片,使其从活地鼠图片变成死地鼠图片?

实现思路: 通过修改 img 元素的 src 属性实现。需提前将活地鼠和死地鼠两张图片放入页面根目录下的 images 文件夹中备用。 提示:可借助图形处理软件对图片进行处理,如背景色透明、修改大小等。

对应知识:同问题 1。

(6) 如何计算成绩?

实现思路:游戏开始后,通过两个全局变量分别记录地鼠出现总次数和击中次数,游戏结束后,将击中次数除以总次数,并转换成百分制即可。计算完毕后将结果在页面元素中进行显示。

对应知识:同问题 1。

(7) 如何合理组织代码?

实现思路:打地鼠游戏是一个相对完整的综合应用,需要考虑的因素相对较多,实现逻辑较为复杂,代码量较大,因此,需要采用模块化思想,将具有特定单一逻辑功能的代码封装到函数中,最终通过合理地调用和组织函数来实现整体功能。

对应知识:JavaScript 函数,在实战主题 2 中已有介绍。

5.2 《打地鼠游戏 V1.0》知识学习

经过以上分析,相信读者已经对打地鼠游戏的实现有了很大的把握。其实,大部分软件的制作，只要需求明晰，设计合理，实现起来并不困难。很多代码就是对原有知识的重新整合。即使偶有新的知识出现，随用随学即可。只要具备了软件思维和一定的学习能力，程序员便可在实践中应对挑战，稳步成长。

下面开始介绍实现本项目所需的新知识。

5.2.1 BOM 简介

浏览器对象模型 (Browser Object Model，简称 BOM) 提供了一系列独立于内容的、可以与浏览器窗口进行互动的对象结构，它允许 JavaScript 与浏览器进行"对话"。

例如，可以使用 JavaScript 代码控制浏览器在特定时机弹出警示弹窗；也可以使用 JavaScript 代码定时更新网页上的天气预报内容；还可以使用 JavaScript 代码控制网页实现跳转或实现闪窗效果等。

BOM 主要包含 window 对象、location 对象、history 对象、navigator 对象和 screen 对象。

BOM 对象目前尚无正式标准，它的实现主要由各个浏览器厂商负责，因此，兼容性可能会稍差一些。前端开发的重要任务之一，就是要保证页面在不同浏览器中的兼容性。随着更多第三方框架和插件的兴起，程序员可以采用"他山之石可以攻玉"的思想来减轻此类工作的负担。

BOM 和 DOM 都是 JavaScript 的重要组成部分，BOM 是浏览器对象模型，它把浏览器当作一个对象来看待，其核心对象是 window 对象；DOM 是文档对象模型，它把文档当作一个对象来看待，其顶级对象是 document 对象。

5.2.2 window 对象

window 对象代表整个浏览器窗口，它是 BOM 的顶层对象，其他对象 (如 screen 对象、history 对象等) 都是该对象的子对象。同时，window 对象也是网页的全局对象。在全局作用域中定义的变量和函数都会变成 window 对象的属性和方法。

在实战主题 1《成绩转换系统》中介绍过的几种弹窗方法 [包括 alert()、confirm()、prompt()]，都是 window 对象的方法，甚至连 DOM 的 document 对象也是 window 对象的属性之一。可以省略 window 前缀直接调用其属性和方法。

例如，以下两种写法等价：

alert(" 我是中国人，我热爱我的祖国！ ");

window.alert(" 我是中国人，我热爱我的祖国！ ");

遵循代码简约优雅的原则，我们更推荐第一种写法。一些优秀的小习惯看似毫不起眼，但它们最终会聚沙成塔，为你的代码打下优秀的底色。

window 对象的常用属性如表 5-1 所示。

表 5-1　window 对象常用属性

属性名称	属性含义
name	获取 / 设置窗口的名称
innerWidth	获得浏览器窗口的内容区域的宽度 (只读)
innerHeight	获得浏览器窗口的内容区域的高度 (只读)
document	对当前窗口所包含文档对象的引用 (只读)
location	获取、设置 location 对象或当前的 URL
history	对 history 对象的引用 (只读)
navigator	对 navigator 对象的引用 (只读)
screen	对 screen 对象的引用 (只读)

window 对象的常用方法如表 5-2 所示。

表 5-2　window 对象常用方法

方法名称	方法含义
alert()	显示带有一段消息和一个确认按钮的警告框
confirm()	显示带有一段消息以及确认按钮和取消按钮的对话框
prompt()	显示可提示用户输入的对话框
open()	打开一个新的浏览器窗口或查找一个已命名的窗口 语法：window.open(strUrl, strWindowName, [strWindowFeatures]);
close()	关闭浏览器窗口。注：只有用 open() 方法打开的窗口才可以用 close() 关闭
print()	打印当前窗口的内容
scrollTo()	滚动到文档中的某个坐标
scrollBy()	在窗口中按指定的偏移量滚动文档
setTimeout()	延时计时，延迟一段时间后执行指定代码
clearTimeout()	取消延时计时
setInterval()	定时计时，每隔一段时间执行一次指定代码
clearInterval()	取消定时计时

以下为 window 对象的几个常用方法应用示例。

```
// 新窗口打开页面
window.open('index.html');
// 打开页面，并为新窗口指定名字
window.open('http://www.hbsi.edu.cn', 'myCollege');
// 打开页面，并将其在指定大小窗口中呈现
window.open('http://www.hbsi.edu.cn', '', 'width=400,height=300');
```

5.2.3　setInterval() 定时计时

如果希望每隔一段时间做一件事情，例如，每隔 5 秒钟刷新一下股市行情，可以使用 window 对象的 setInterval() 方法来实现。该方法是一个实现定时调用的函数，它可以按照指定的周期 (以毫秒计) 来调用函数或计算表达式。setInterval() 方法会不停地调用其回调函数，直到 clearInterval() 被调用或窗口被关闭。由 setInterval 返回的 ID 值可用作

clearInterval() 方法的参数。也有人形象地将 setInterval() 方法称为定时计时器。

setInterval() 方法的语法如下：

```
setInterval(code,millisec)
```

其中：

- code 为必选参数，指打算周期性执行的函数，即回调函数。
- millisec 为必选参数，指周期性执行函数之间的时间间隔，以毫秒计。

如果将地鼠移位逻辑封装到一个名为 changePosition 的函数中，则下述代码可以实现每隔 1 秒钟，地鼠改变一次位置：

```
var timer=setInterval(changePosition,1000);
```

如果想终止上述地鼠定时移位的操作，可以通过下述代码实现：

```
clearInterval(timer );
```

【例 5-1】请在网页上实现秒表效果。

本例可以使用 new Date() 生成系统时间日期，再通过 toLocaleTimeString() 方法获取时间信息，然后利用 setInterval() 实现每隔一秒钟刷新一次数据，即可实现秒表效果。示例代码如图 5-2 所示。执行效果如图 5-3 所示。

```
1   <!DOCTYPE html>
2   <html lang="en">
3   <head>
4       <meta charset="UTF-8">
5       <meta name="viewport" content="width=device-width, initial-scale=1.0">
6       <title>Document</title>
7       <style>
8           .container{
9               width: 200px;
10              height: 100px;
11              border: solid 1px #ccc;
12              position: absolute;
13              left: 50%;
14              top: 50%;
15              padding-top: 10px;
16              transform: translate(-50%, -50%);
17              color: orange;
18              font-size: 50px;
19              text-align: center;
20          }
21      </style>
22  </head>
23  <body>
24      <div class="container"></div>
25      <script>
26          var container = document.querySelector('.container');
27          var date;
28          function showTime(){
29              date=new Date();
30              container.innerHTML = date.toLocaleTimeString();
31          }
32          showTime(); //页面加载时显示一次时间
33          var timer = setInterval(showTime, 1000);//每隔1秒显示一次时间
34      </script>
35  </body>
36  </html>
```

例 5-1

图 5-2　秒表代码

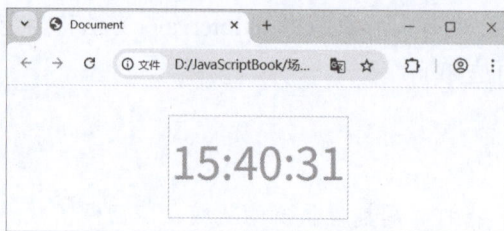

图 5-3 秒表执行效果

5.2.4 setTimeout() 延时计时

setTimeout() 是 window 对象的一个延时计时方法，用于在指定的毫秒数后执行一次指定的函数或代码段，常用于延迟执行代码、动画效果、轮询等场景。也有人形象地将 setTimeout() 方法称为延时计时器。setTimeout() 返回一个整数作为延时定时器的 ID，可用于取消该延时定时器。

setTimeout() 函数语法如下：

```
var timer = setTimeout(code, 毫秒)
```

其中：

- code 为必选参数，指打算延时执行的函数，即回调函数。
- millisec 为必选参数，指延时时长，即执行回调函数前等待的时间，以毫秒计。

【例 5-2】请编码实现：页面首次加载会显示一个浮动广告，10 秒后消失。

本例将可以使广告消失的代码封装到 hideImage() 函数，然后调用延时计时器 setTimeout() 延时 5 秒后将图片进行隐藏，示例代码如图 5-4 所示。代码执行后，首先显示如图 5-5 所示的界面，10 秒钟后广告消失。

例 5-2

```
1   <!DOCTYPE html>
2   <html lang="en">
3   <head>
4       <meta charset="UTF-8">
5       <meta name="viewport" content="width=device-width, initial-scale=1.0">
6       <title>Document</title>
7       <style>
8           .container{
9               width: 1024px;
10              height: 100vh;
11              margin: 0 auto;
12              border: solid 1px #ccc;
13              font-size: 50px;
14              text-align: center;
15              background-color: cyan;
16          }
17      </style>
18  </head>
19  <body>
20      <div class="container">
21          <img src="./peach.png" alt="" id="ad">
22      </div>
23      <script>
24          setTimeout(function(){
25              document.querySelector('#ad').style.display = 'none';
26          }, 10000);
27      </script>
28  </body>
29  </html>
```

图 5-4 广告 10 秒消失代码

注意，setTimeout() 只执行回调函数一次。如果想使用 setTimeout() 实现类似 setInterval() 的多次定时执行效果，必须让回调函数自身再次调用 setTimeout()。

图 5-5　广告 10 秒消失执行效果

例如：如果将地鼠移位逻辑封装到一个名为 changePosition 的函数中，则下述代码可以实现每隔 1 秒钟，地鼠改变一次位置：

```
function changePosition( ){
  ...
  timer=setTimeout(changePosition,1000);
  ...
}
```

如果想终止上述地鼠定时移位的操作，可以通过下述代码实现：

```
clearTimeout(timer );
```

setInterval() 和 setTimeout() 的相同之处是，二者均由时间来触发事件，而非用户交互式操作；二者均为异步函数。

setInterval() 和 setTimeout() 的不同之处在于实现机制和适用场景。其中，setInterval() 适用于需要定时执行的场景，如轮播图的切换、时钟的更新等；而 setTimeout() 则适用于需要延迟执行的场景，如动画效果的延迟、闪窗的切换等。实际应用中要根据需求选择适合的定时器。

5.2.5　location 对象

location 对象提供与当前窗口中加载的文档有关的信息，除此之外，还有一些导航功能。location 对象的用处不只表现在它保存着当前文档的信息，还表现在它将 URL 解析为独立的片段，开发人员可以通过不同的属性访问这些片段。

location 对象常用属性如表 5-3 所示。

表 5-3　location 对象属性

属性名称	属性含义
href	返回当前加载页面的完整 URL
protocol	设置或返回页面使用的协议
host	返回服务器名称和端口号 (如果有)
hostname	返回不带端口号的服务器名称

续表

属性名称	属性含义
port	返回 URL 中指定的端口号
pathname	返回 URL 中的目录和 (或) 文件名
search	返回 URL 的查询字符串。这个字符串以问号开头
hash	返回 URL 中的 hash(# 号后跟 0 或多个字符)

location 对象的常用方法如表 5-4 所示。

表 5-4　location 对象方法

方法名称	方法描述
reload()	重新加载如果设置参数 true，表示强制从浏览器加载
assign()	打卝新的页面
replace()	打开新的页面替换旧页面，不会产生历史记录

利用延时计时器和 location 方法的 href 属性，可以轻松实现移花接木的闪窗效果。例如，很多企业的电销平台，首次打开网站会显示该企业产品的广告宣传动画页面，5 秒钟后，自动切换到产品首页。

【例 5-3 】请使用 location 对象实现闪窗效果。

本例可以在广告页的 onload 事件中启用 setTimeout() 延时计时，在延时 3 秒后，通过切换 location 对象的 href 属性实现跳转到主页的效果。具体代码如图 5-6 所示。

例 5-3

```
1   <!DOCTYPE html>
2   <html lang="en">
3   <head>
4       <meta charset="UTF-8">
5       <meta name="viewport" content="width=device-width, initial-scale=1.0">
6       <title>Document</title>
7       <style>
8           .container{
9               width: 100%;
10              height: 100vh;
11              display: flex;
12              justify-content: center;
13              align-items: center;
14              font-size: 50px;
15              color: orange;
16              text-align: center;
17          }
18      </style>
19  </head>
20  <body>
21      <div class="container">
22          <h1>这是广告页</h1>
23      </div>
24      <script>
25          setTimeout(function(){
26              window.location.href = "index.html"
27          }, 3000);
28      </script>
29  </body>
30  </html>
```

图 5-6　闪窗效果代码

5.2.6　history 对象

history 对象提供了操作浏览器会话历史 (浏览器地址栏中访问的页面，以及当前页面中通过框架加载的页面)的接口。

history 对象的属性只有一个,即 length 属性,它返回历史记录的数量。

history 对象的方法主要有以下三个。

- back():后退一步。
- forward():前进一步。
- go(n):前进或后退 n 步。

5.2.7　navigator 对象

navigator 对象包含浏览器信息,当浏览器显示网页时,浏览器会自动创建一个 navigator 对象,该对象用于提供当前浏览器的信息。这对前端人员完成浏览器适配很有帮助。navigator 对象的属性如表 5-5 所示。

表 5-5　navigator 对象属性

属性名称	属性含义
appCodeName	返回浏览器的代码名
appName	返回浏览器的名称
appVersion	返回浏览器的平台和版本信息
cookieEnabled	返回浏览器中是否启用了 cookie 的布尔值
platform	返回运行浏览器的操作系统平台
userAgent	返回由客户机发送给服务器的 user-agent 头部的值
geolocation	返回浏览器的地理位置信息
language	返回浏览器使用的语言
product	返回浏览器使用的引擎(产品)

例如,若需针对使用 WebKit 引擎浏览器和非 WebKit 引擎浏览器执行不同的操作,可采用如下思路实现:

```
if(navigator.product=="WebKit"){
  // doSomething
}else{
  // doOthers
}
```

5.2.8　screen 对象

screen 对象返回当前渲染窗口中和屏幕有关的属性。具体内容如表 5-6 所示。

表 5-6　screen 对象属性

属性名称	属性含义
availHeight	返回屏幕的高度(不包括 Windows 任务栏)
availWidth	返回屏幕的宽度(不包括 Windows 任务栏)
colorDepth	返回目标设备或缓冲器上的调色板的比特深度

续表

属性名称	属性含义
height	返回屏幕的总高度
pixelDepth	返回屏幕的颜色分辨率 (每像素的位数)
width	返回屏幕的总宽度

综合使用 BOM 对象可以实现多种效果。

【例 5-4】在屏幕正中间打开 baidu 首页。核心代码如图 5-7 所示。

```
1  <script>
2          var myleft=screen.availWidth/2-300/2;
3          var mytop=screen.availHeight/2-200/2;
4          window.open("http://www.baidu.com","_blank","width=300,height=200,top="
5          +mytop+",left="+myleft+",toolbar=no,menubar=no,scrollbars=no,status=no");
6  </script>
```

例 5-4

图 5-7　在屏幕正中间打开 baidu 首页核心代码

5.3　《打地鼠游戏 V1.0》编程实现

下面分步骤实现《打地鼠游戏 V1.0》。

(1) 资源准备。

创建打地鼠文件夹，在该文件夹下创建 images 文件夹，在 images 文件夹下放入一张游戏背景图片，一张活地鼠图片，一张死地鼠图片。所有资源可从本书专用资源网址下载，也可根据喜好自行准备。

(2) 创建 hitMouseV1.0.html，并迅速生成如下代码框架：

```
<!DOCTYPE html>
    <html lang="en">
    <head>
        <meta charset="UTF-8">
        <meta name="viewport" content="width=device-width, initial-scale=1.0">
        <title>Document</title>
    </head>
    <body>
    </body>
    </html>
```

(3) 在 <head></head> 区域修改 title，添加样式：

```
<title> 开心打地鼠 V1.0</title>
```

(4) 在 <body></body> 区域添加如下代码：

```
<div id="container">
    <div id="controlContainer">
        <h1> 开心打地鼠 V1.0</h1>
        <button onclick="start()"> 开始 </button>
        <button onclick="stop()"> 结束 </button>
```

```
            <span id="result"></span>
        </div>
        <div id="mousecontainer">
            <img src="./images/mouseLive.png" alt="" id="mouse" onclick="hit();">
        </div>
    </div>
</div>
```

(5) 添加样式：

```
<style>
    #mousecontainer{
        position: relative;
        width:1000px;
        height:500px;
        background-image: url(images/bg.jpg);
    }
    #container{
        margin:0 auto;
        width:1000px;
        /* border:solid 1px green; */
    }
    #controlContainer{
        margin:10px;
        text-align: center;
        height: 100px;
    }
    img{
        position: absolute;
        width: 100px;
        height: 100px;
        border: none;
    }
</style>
```

(6) 添加 JavaScript 代码：

```
<script>
    var total=0;      // 总的出现次数
    var hits=0;       // 打中次数
    var score=0;      // 分数
    var timer;        // 定时计时器

    // 数据初始化
    function init(){
        document.getElementById("mouse").style.display="none";// 隐藏地鼠图片
        total=0;      // 总的出现次数
        hits=0;       // 打中次数
        score=0;      // 分数
    }

    // 生成从 minNum 到 maxNum 的随机数
    function randomNum(minNum,maxNum){
        return Math.floor(Math.random()*(maxNum-minNum+1))+minNum;
    }
```

```javascript
// 启动游戏
function start(){
    document.getElementById("result").innerHTML="";        // 清空成绩
    timer=setInterval(changePosition,2000);                 // 定期地鼠出现
}

// 地鼠每隔一段时间随机出现
function changePosition(){
    var str=document.getElementById("mouse").src;
    if( str.indexOf("Dead") >0){
        document.getElementById("mouse").src="images/mouseLive.png";
    }
    document.getElementById("mouse").style.left= randomNum(0,900)+"px";
    //1000背景图宽度-100地鼠宽度=900
    document.getElementById("mouse").style.top=randomNum(0,400)+"px";
    // 500背景高度-100地鼠高度=400
    if(document.getElementById("mouse").style.display != "inline"){
    // 如果地鼠不可见，将其设置为可见 ( 首次出现做这件事情)
        document.getElementById("mouse").style.display = "inline";
    }
    total+=1;                                               // 地鼠出现次数+1
}

// 地鼠被击中
function hit(){
    var str=document.getElementById("mouse").src;
    if(str.indexOf("Live") >0){                             // 说明当前是活地鼠
        hits+=1;
        document.getElementById("mouse").src="./images/mouseDead.png";
    }
}
// 停止游戏
function stop(){
    // 停掉时钟
    clearInterval(timer);
    // 计算成绩
    score=Math.round(hits*1.0/total*100);
    // 显示成绩
    document.getElementById(" result").innerHTML=" 成绩为 :<font color='green'>
"+score+" 分 ";
    // 清除本轮游戏中间数据，隐藏地鼠图片
    init();
}
// 初始化
init();
</script>
```

至此，《打地鼠游戏 V1.0》版本实现完毕。

hitMouseV1.0

说明：本版本采用 setInterval() 定时计时器完成。读者可尝试将其改成 setTimeout() 版本。因为程序代码逻辑相对复杂，所以采用模块化思想，将具有单一逻辑功能的代码均封装到函数中，化难为易，分而治之。

5.4　《打地鼠游戏 V2.0》需求与技术分析

《打地鼠游戏 V1.0》虽然能够实现打地鼠游戏的基本功能，但是存在以下缺陷：无法切换游戏难度，地鼠在整个游戏背景范围内随机出现，而非精准出现在鼠洞上方。

在《打地鼠游戏 V2.0》中，将对以上缺陷进行改进。

5.4.1　《打地鼠游戏 V2.0》任务描述

为了弥补《打地鼠游戏 V1.0》的不足，《打地鼠游戏 V2.0》将聚焦于增加用户选择，以及进一步雕琢游戏细节和提升用户使用体验，具体包括：

(1) 实现游戏难度选择。

(2) 实现地鼠精准定位。

5.4.2　《打地鼠游戏 V2.0》任务效果

《打地鼠游戏 V2.0》任务效果如图 5-8 所示。

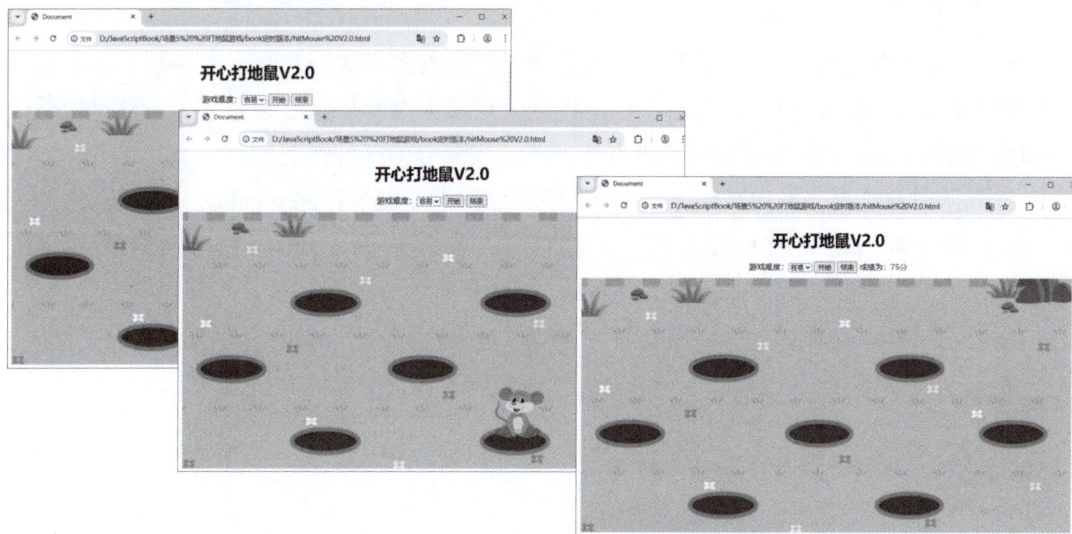

图 5-8　《打地鼠游戏 V2.0》任务效果

5.4.3　《打地鼠游戏 V2.0》技术分析

《打地鼠游戏 V2.0》增加了难度选择和地鼠精准定位功能，由此引入两项新的任务：

(1) 增加新的页面元素，实现游戏难度可控。

实现思路：使用下拉框来进行游戏难度控制。地鼠出现的频率越快，游戏难度越高。

所需知识：获取下拉框的值，实战主题 3 中已有介绍。

(2) 随机抽取鼠洞，使地鼠只能在鼠洞范围内出现。

实现思路：将每一个鼠洞的位置存放到数组中，随机抽取数组元素以实现地鼠随机出现在鼠洞上方。

所需知识：随机抽取数组下标进而实现随机抽取数组元素。实战主题 2 中已有介绍。

(3) 精确控制地鼠的位置数据。

实现思路：将鼠洞定义为对象，对象的 left、top 属性分别对应地鼠距离游戏背景左边距的像素数和距离游戏背景顶部的像素数。

所需知识：JavaScript 对象相关知识。

5.5 《打地鼠游戏 V2.0》知识学习

对象是 ES5 中一个非常重要的概念。在实战主题 1《成绩转换系统》中，已经对 JavaScript 对象的基础知识进行了简单介绍，本节将对 JavaScript 对象深层次的知识进行补充，从而为《打地鼠游戏 V2.0》的顺利实现提供有力的技术保障。

5.5.1 this 的含义

JavaScript 解析器在调用函数时，每次都会向函数内部传递一个隐含的参数，这个隐含的参数就是 this。this 指向一个对象，我们将这个对象称为函数执行的上下文对象。根据函数调用方式的不同，this 指向的对象也有所不同，主要分为三种情况。

(1) 当函数在全局范围内被当作普通函数进行调用时，this 指向 window 对象。

在全局范围内定义的函数，实际上都有一个隐含的参数 this，它代表的是 window 对象。

【例 5-5】全局范围内的 this 测试。示例代码如图 5-9 所示，执行效果如图 5-10 所示。

```
1  <script>
2      function test(a,b){
3          console.log(this);
4          console.log(a,b);
5      }
6      test(1,2);
7      console.log(this);
8  </script>
```

图 5-9　全局范围内的 this 测试代码

案例的代码功能分解介绍如下：

- 第 2~5 行代码在全局范围内定义了一个名为 test 的函数。
- 第 3 行代码在函数内部调用了隐含参数 this。
- 第 6 行代码调用了 test 函数。
- 第 7 行代码直接在全局范围内调用 this。

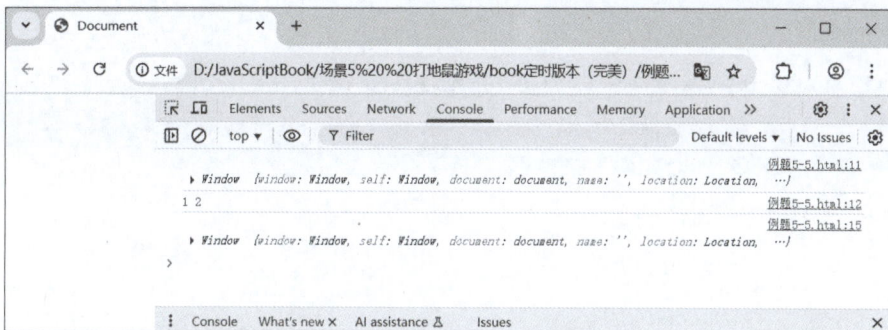

图 5-10　全局范围内的 this 测试执行效果

由执行效果图可知：全局范围内的 this 及全局范围内通过 function 关键字定义的函数内部的 this，均指向 window 对象。

(2) 函数作为对象的内部成员时，被称为方法。当函数以方法的形式进行调用时，其内部的 this 指向被调用的对象。

【例 5-6】请编写代码，对函数作为方法使用时其内部的 this 指向进行测试。示例代码如图 5-11 所示，执行效果如图 5-12 所示。

```
1  <script>
2      function test(a,b){
3          console.log(this);
4          console.log(a,b);
5      }
6      var obj1 = {
7          name:'古莲花池',
8          test:test
9      }
10     var obj2 = {
11         name:'直隶总督署',
12         test:test
13     }
14     obj1.test(1,2);
15     obj2.test(3,4);
16 </script>
```

例 5-6

图 5-11　方法内部的 this 指向测试代码

案例的代码功能分解介绍如下：

- 第 2~5 行代码定义了一个名为 test 的函数。
- 第 6~9 行代码定义了一个名为 obj1 的对象，该对象拥有一个名为 test 的方法，其实现代码与 test 相同。即：obj1 对象将 test 函数作为其内部方法使用。
- 第 10~13 行代码定义了一个名为 obj2 的对象，该对象拥有一个名为 test 的方法，其实现代码与 test 相同。即：obj2 对象将 test 函数作为其内部方法使用。
- 第 14 行代码调用了 obj1 对象的 test 方法，以查看此时的 this 指向。
- 第 15 行代码调用了 obj2 对象的 test 方法，以查看此时的 this 指向。

根据执行效果图可知，对象内部方法中的 this 指向其所在的对象。

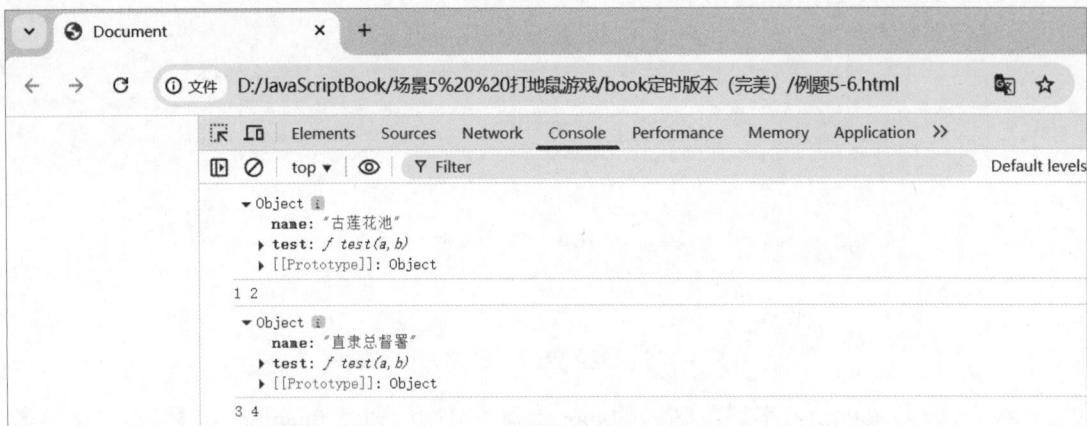

图 5-12　方法内部的 this 指向测试执行效果

注意: 当存在多层作用域链时,即在对象的内部又存在对象时,this 指向离它最近的对象。

【例 5-7】请编写代码,对具有多层作用域链情况下的 this 指向进行测试。示例代码如图 5-13 所示,执行效果如图 5-14 所示。

```
1  <script>
2      var name="可爱的猫猫";
3      var cat={
4          name:"布偶小Q",
5          showInfo1:function(){
6              console.log(this.name);
7          },
8          kitten:{
9              name:"小Q的儿子",
10             showInfo2:function(){
11                 console.log(this.name);
12             }
13         }
14     }
15     console.log(cat.showInfo1());
16     console.log(cat.kitten.showInfo2());
17     console.log(this.name);
18  </script>
```

例 5-7

图 5-13　多层作用域链中的 this 指向测试代码

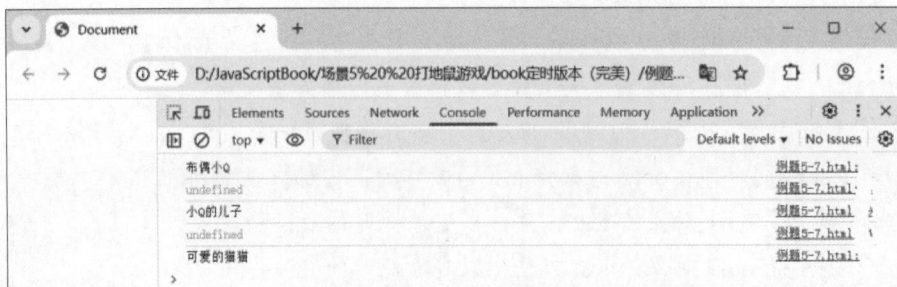

图 5-14　多层作用域链中的 this 指向测试执行效果

案例的第 6、11、17 三行代码均向控制台输出 this.name。但是执行结果却大不相同，原因是这些代码所处的作用域各不相同。案例的代码功能分解介绍如下：

- 第 2 行代码在全局作用域内定义了 name 属性，说明该 name 属性隶属于 window 对象。
- 第 17 行代码在全局作用域范围内调用了 this.name，因此控制台上应该显示的是 window 对象的 name 属性值，即 "可爱的猫猫"。
- 第 3~14 行代码定义了一个名为 cat 的对象。在 cat 对象的内部，又定义了一个名为 kitten 的对象，此时出现了对象嵌套，即多层作用域链情况。
- 第 6 行代码所在的 showInfo() 为 cat 对象的直属方法，因此，该行代码中的 this 指向 cat，第 15 行代码执行后，控制台上将显示 cat 对象的 name 属性值，即 "布偶小 Q"。
- 第 8~13 行代码在 cat 对象内部定义了一个 kitten 对象。
- 第 10~12 行代码在 kitten 对象内部定义了一个名为 showInfo2 的方法，该方法内部调用了 this.name，此时的 this 指向距离它最近的对象，即 kitten。由于 kitten 对象内部定义的 name 属性值为 "小 Q 的儿子"，所以，第 16 行代码的执行效果应该是：在控制台上输出 "小 Q 的儿子"。

本例的执行效果图也印证了上述内容，证明在具有多层作用域链的对象内部方法中的 this，指向离它最近的对象。

实战小贴士

　　在具有嵌套对象的代码中，使用 this 要格外小心。必要时可以将外层 this 保存到一个中转变量中，后面使用时再通过调用这个中转变量实现复原。

---

(3) this 充当事件处理函数参数时，指向事件源即在事件处理函数内部，this 通常指向事件源。

【例 5-8】请采用 HTML、JavaScript 混搭方式，对事件处理函数中的 this 指向进行测试。示例代码如图 5-15 所示，执行效果如图 5-16 所示。

本案例的第 9 行代码为一个 button 按钮，通过为 onclick 属性赋值的方式，将该按钮的单击事件处理代码指定为 test 函数，同时传递参数 this。本例测试的内容就是 this 的指向。

本案例的第 11~14 行代码定义了 test 函数。该函数通过第 12 行代码将实参在控制台上进行显示；通过第 13 行代码将事件源的 innerText 属性在控制台上进行显示。

由执行效果图可知，this 指向的就是发生单击事件的这个按钮。

```
1   <!DOCTYPE html>
2   <html lang="en">
3   <head>
4       <meta charset="UTF-8">
5       <meta name="viewport" content="width=device-width, initial-scale=1.0">
6       <title>Document</title>
7   </head>
8   <body>
9       <button onclick="test(this)">测试this</button>
10      <script>
11        function test(obj){
12          console.log(obj);
13          console.log(obj.innerText);
14        }
15      </script>
16  </body>
17  </html>
```

例 5-8

图 5-15　混搭方式中的事件处理函数 this 指向测试代码

```
<button onclick="test(this)">测试this</button>          例题5-8.html:12
测试this                                                 例题5-8.html:13
```

图 5-16　混搭方式中的事件处理函数 this 指向测试执行效果

【例 5-9】请采用 JavaScript 代码为 HTML 元素绑定事件处理函数的方式，对事件处理函数中的 this 指向进行测试。示例代码如图 5-17 所示，执行效果如图 5-18 所示。

```
1   <!DOCTYPE html>
2   <html lang="en">
3   <head>
4       <meta charset="UTF-8">
5       <meta name="viewport" content="width=device-width, initial-scale=1.0">
6       <title>Document</title>
7   </head>
8   <body>
9       <button>测试this</button>
10      <script>
11        document.querySelector('button').onclick = function(){
12          console.log(this);
13          console.log(this.innerText);
14        }
15      </script>
16  </body>
17  </html>
```

例 5-9(1)

图 5-17　通过代码指定事件处理函数 this 测试代码

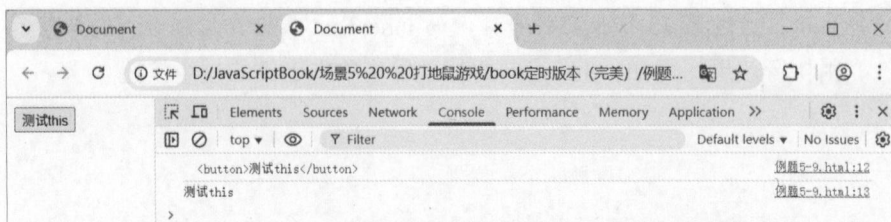

```
<button>测试this</button>          例题5-9.html:12
测试this                           例题5-9.html:13
```

图 5-18　通过代码指定事件处理函数 this 测试执行效果

案例的第 9 行代码在网页中放置了一个 button 按钮。

案例的第 11~14 行代码通过 JavaScript 代码为按钮指定单击事件处理函数。

案例的第 12 行代码在事件处理函数内部调用了 this 并将其在控制台上进行显示。

案例的第 13 行代码在事件处理函数内部调用了 this 并将其 innerText 属性在控制台上进行显示。

由执行效果图可知，事件处理函数的 this 指向的是被触发事件的事件源。

图 5-17 中的代码也可以写成图 5-19 的形式。同样是用 JavaScript 代码为页面元素绑定事件，图 5-17 中的代码采用了为属性赋值的方式；图 5-19 中的代码采用了添加事件监听的方式，二者异曲同工。

```html
1  <!DOCTYPE html>
2  <html lang="en">
3  <head>
4      <meta charset="UTF-8">
5      <meta name="viewport" content="width=device-width, initial-scale=1.0">
6      <title>Document</title>
7  </head>
8  <body>
9      <button>测试this</button>
10     <script>
11         window.onload = function(){
12             var btn = document.querySelector('button');
13             btn.addEventListener('click',function(){
14                 console.log(this);
15                 console.log(this.innerText);
16             })
17         }
18     </script>
19 </body>
20 </html>
```

图 5-19　【例 5-9】的平替代码

灵活利用 this，能为编写代码带来很大的便利，有时甚至可以节省大量的代码开销。下面通过《DIY 计算器》之"生成操作数"功能进行展示。

【例 5-10】编码实现《DIY 计算器》的"生成操作数"功能。具体需求如下。

(1) 使用文本框存放操作数。

(2) 利用 this 的特性，将 0~9 这 10 个数字按钮的代码绑定到同一个事件处理函数中，从而实现高效编码。具体分为以下几种情况：

● 当文本框中的值不为 0 时，单击数字按钮，将该数字按钮上显示的数字串联在文本框内容的最后。

● 当文本框中的值为 0 时，单击数字按钮，用该数字按钮上显示的数字替换文本框中的内容。

● 当单击 C 按钮时，清空文本框内容及中间数据。

本案例中用到的知识，已经在【例 5-8】中有所展示。只不过【例 5-8】中只有一个按钮，而本例拥有 0~9 共计 10 个按钮。但二者原理是相同的。案例的 HTML 编码如图 5-20

187

所示，JavaScript 代码如图 5-21 所示，样式表略。执行效果如图 5-22、图 5-23 所示。

图 5-20 所示的 HTML 编码为每个数字按钮都绑定了单击事件处理函数 generateNum()，并采用【例 5-8】的方式为该函数传递参数 this。

```html
1  <div class="box">
2     <input type="text" name="" id="numbers" readonly value="0">
3     <div class="small">1/x</div>
4     <div class="small" onclick="myClearAll()">C</div>
5     <div class="small">退格</div>
6     <div class="small">÷</div>
7     <div class="small" onclick="generateNum(this)">7</div>
8     <div class="small" onclick="generateNum(this)">8</div>
9     <div class="small" onclick="generateNum(this)">9</div>
10    <div class="small">*</div>
11    <div class="small" onclick="generateNum(this)">4</div>
12    <div class="small" onclick="generateNum(this)">5</div>
13    <div class="small" onclick="generateNum(this)">6</div>
14    <div class="small">-</div>
15    <div class="small" onclick="generateNum(this)">1</div>
16    <div class="small" onclick="generateNum(this)">2</div>
17    <div class="small" onclick="generateNum(this)">3</div>
18    <div class="small" onclick="generateOP('+')">+</div>
19    <div class="small">%</div>
20    <div class="small" onclick="generateNum(this)">0</div>
21    <div class="small">X²</div>
22    <div class="small">=</div>
```

图 5-20 《DIY 计算器》生成操作数功能——HTML 编码

图 5-21 所示的 JavaScript 代码中，第 9~16 行代码定义了 generateNum 函数，该函数接收一个参数，并在函数主体中，分情况将参数的 innerText 串接在文本框中或者替换文本框的原值。

```javascript
1  <script>
2      var op1;//存放第一个操作数
3      var op2;//存放第二个操作数
4      var operator;//存放运算符
5      /**
6       * 生成文本框中的数字，本质是将数字串接到文本框的尾部
7       * num为被单击的数字按键，这里采用div标签实现，所以btn为div对象
8       */
9      function generateNum(num){
10         //因为初始值就是0，所以要分两种情况进行处理
11         if(document.getElementById("numbers").value!=0) {
12             document.getElementById("numbers").value+=num.innerText;    //挂在后面
13         }else{
14             document.getElementById("numbers").value=num.innerText;     //替换了原值0
15         }
16     }
17     function myClearAll(){
18         document.getElementById("numbers").value=0;
19         this.op1=0;
20         this.op2=0;
21         this.operator="";
22     }
23 </script>
```

图 5-21 《DIY 计算器》生成操作数功能——JavaScript 代码

在本例中，generateNum 函数代码为 6 行，一共有 10 个数字按钮，那么：

- 如果为 0、1、2、3、4、5、6、7、8、9 每个数字按钮分别绑定事件处理函数，则需要 10*6=60 行代码。
- 如果将 10 个按钮都绑定到一个事件处理函数中，则需要 1*6=6 行代码。

由此可见，this 的引入避免了编写大量的重复性代码，大大提高了编程效率。

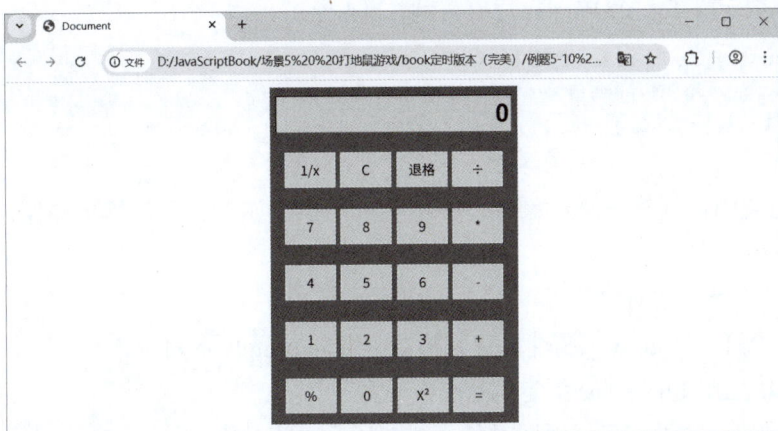

图 5-22　计算器初始状态

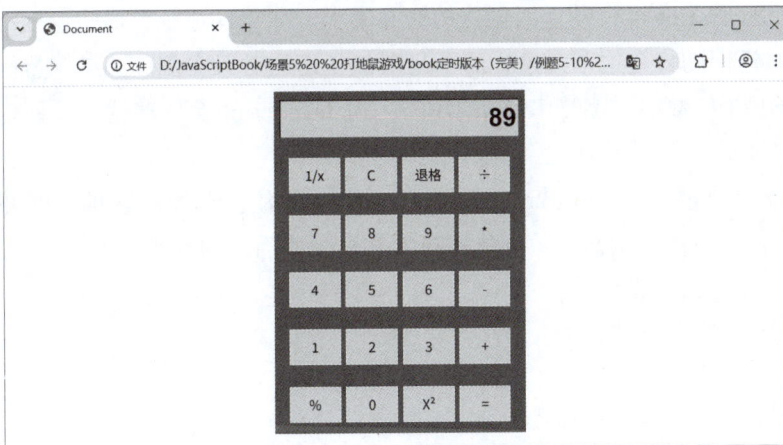

图 5-23　单击 8、9 按钮之后的计算器状态

5.5.2　对象的构造函数

在 JavaScript 中，构造函数是一种特殊的函数，用于创建新的对象。构造函数的命名通常以大写字母开头，这是一种常见的约定，但不是强制性的，主要是为了与普通函数区分开。

可以使用 function 关键字来定义一个构造函数。例如，下述代码定义了一个 Person 构造函数，它接收 name 和 age 作为参数，并在内部使用 this 关键字来设置新对象的属性。

```
function Person(name, age) {
    this.name = name;
    this.age = age;
    this.greet = function() {
        return "Hello, my name is"+this.name+" and I am "+this.age+" years old.";
    };
}
```

可以使用 new 关键字和构造函数来创建一个新的对象实例。例如，下述代码通过 Person 构造函数定义了一个 Person 对象实例：person1。

```
var person1 = new Person('xiaoming', 30);
console.log(person1.name);          // 输出：xiaoming
console.log(person1.greet());       // 输出：Hello, my name is xiaoming and I am 30
years old.
```

当通过构造函数创建一个对象时，程序会自动执行如下四步初始化操作，使得该对象拥有独立的属性和方法。

(1) 创建一个新的空对象。

(2) 将该对象的 __proto__ 属性设置为构造函数的 prototype 对象。

(3) 调用构造函数并将 this 绑定到这个新对象。

(4) 如果构造函数没有显式返回对象，则默认返回新对象。

通常情况下，构造函数不需要显式返回值。当使用 new 关键字调用构造函数时，如果没有返回值，JavaScript 会自动返回创建的对象实例。如果构造函数显式返回一个对象，那么 new 调用时返回的将是这个对象，而不是默认创建的对象实例。如果构造函数显式返回的是非对象类型(如数字、字符串或布尔值)，则 JavaScript 会忽略这个返回值，继续返回默认的对象实例。

每个构造函数都有一个 prototype 属性，指向该构造函数创建的对象的原型对象。prototype 可以使所有由该构造函数创建的对象共享一些通用的方法或属性，示例如下：

```
function Person(name, age) {
  this.name = name;
  this.age = age;
}
Person.prototype.greet = function() {
  console.log("Hello, my name is" + this.name + ".");
};
const person1 = new Person('Alice', 25);
const person2 = new Person('Bob', 30);
person1.greet();          // 输出：Hello, my name is Alice.
person2.greet();          // 输出：Hello, my name is Bob.
```

将 greet 方法添加到 Person 的 prototype，可以使所有由 Person 构造函数创建的对象共享这个方法，从而节省内存和优化性能。

JavaScript 的对象通过原型链 (prototype chain) 实现继承。当访问对象的某个属性或方法时，JavaScript 会首先查找对象自身的属性。如果找不到，它会继续沿着原型链向上查找，直到找到该属性或方法，或者到达原型链的顶端 (null)。

例如：console.log(person1.toString()); // 输出：[object Object]

即使没有在 Person 的原型上定义 toString() 方法，person1 对象依然可以调用它。这是因为 toString() 方法定义在 Object 的原型上，而所有对象都继承自 Object。

5.6　《打地鼠游戏 V2.0》编程实现

需求已经明晰，分析已经到位，知识已经就绪，接下来就是开工了。下面分步骤实现《打地鼠游戏 V2.0》。

(1) 创建 hitMouseV2.0.html，并迅速生成如下代码框架：

```html
<!DOCTYPE html>
<html lang="en">
<head>
    <meta charset="UTF-8">
    <meta name="viewport" content="width=device-width, initial-scale=1.0">
    <title>Document</title>
</head>
<body>
</body>
</html>
```

(2) 修改页面标题：

```html
<title> 开心打地鼠 V2.0</title>
```

(3) 在 <body></body> 标签中添加页面元素如下：

```html
<div id="container">
    <div id="controlContainer">
        <h1> 开心打地鼠 V2.0</h1>
        游戏难度: <select name="" id="level">
            <option value="3000"> 容易 </option>
            <option value="2000"> 一般 </option>
            <option value="1000"> 困难 </option>
        </select>
        <button onclick="start()"> 开始 </button>
        <button onclick="stop()"> 结束 </button>
        <span id="result"></span>
    </div>
    <div id="mousecontainer">
        <img src="./images/mouseLive.png" alt="" id="mouse" onclick="hit();">
    </div>
</div>
```

(4) 在 <head></head> 标签中添加样式如下：

```css
<style>
        #mousecontainer{
            position: relative;
            width:1000px;
            height:500px;
            background-image: url(images/bg.jpg);
        }
        #container{
          margin:0 auto;
```

```
            width:1000px;
            height: auto;
        }
        #controlContainer{
            margin:10px;
            text-align: center;
        }
        img{
            position: absolute;
            width:100px;
            height:100px;
            left:  246px;
            top:72px;
        }
    </style>
```

(5) 在最后一个 </div> 标签下面添加 JavaScript 代码如下：

```javascript
<script>
    var total;              // 总的出现次数
    var hits;               // 打中次数
    var score;              // 分数
    var timer;              // 时钟
    var myInterVal;         // 计时器时间间隔

    function Point(aLeft,aTop){
        this.aleft=aLeft;
        this.atop=aTop;
    }

    var hole1=new Point("246px","72px");
    var hole2=new Point("617px","72px");

    var hole3=new Point("52px","200px");
    var hole4=new Point("439px","200px");
    var hole5=new Point("831px","200px");

    var hole6=new Point("241px","340px");
    var hole7=new Point("627px","340px");

    var positionArr=[hole1,hole2,hole3,hole4,hole5,hole6,hole7];

    // 生成从 minNum 到 maxNum 的随机数
    function randomNum(minNum,maxNum){
        return Math.floor(Math.random()*(maxNum-minNum+1))+minNum;
    }
    function start(){
        document.getElementById("result").innerHTML="";         // 清空成绩
        myInterVal=Number(document.getElementById("level").value); // 设置时间间隔，实际上
就是设置游戏难度
        timer= setInterval(changePosition,myInterVal);     // 定时地鼠在随机位置出现一次
    }
    // 地鼠每隔一段时间随机出现
```

```
    function changePosition(){
        var str=document.getElementById("mouse").src;
        if( str.indexOf("Dead") >0){
            document.getElementById("mouse").src="images/mouseLive.png";
        }
        var newIndex=randomNum(0,6);
        document.getElementById("mouse").style.left= positionArr[newIndex].aleft;
        document.getElementById("mouse").style.top=positionArr[newIndex].atop;
        if(document.getElementById("mouse").style.display != "inline"){ //如果地鼠不可见
将其设置为可见 ( 首次出现做这件事情 )
            document.getElementById("mouse").style.display = "inline";
        }
        total+=1;                           // 地鼠出现次数 +1
    }
    // 地鼠被单击
    function hit(){
        var str=document.getElementById("mouse").src;
        if(str.indexOf("Live") >0){         // 说明当前是活地鼠
          hits+=1;
          document.getElementById("mouse").src="./images/mouseDead.png";
        }
    }
    function stop(){
        // 停掉时钟
        clearInterval(timer);
        // 计算成绩
        score=Math.round(hits*1.0/total*100);
        // 显示成绩
         document.getElementById("result").innerHTML=" 成绩为 :<font color='green'>"
+score+" 分 ";
        // 清除本轮游戏中间数据 , 隐藏小地鼠
        init();
    }
    function init(){
        document.getElementById("mouse").style.display="none";// 隐藏界面元素
        this.total=0;       // 总的出现次数
        this.hits=0;        // 打中次数
        this.score=0;       // 分数
    }
    init();
</script>
```

至此，《打地鼠游戏 V2.0》实现完毕。

代码说明：

- 上述代码不仅用到了本主题所学知识，还用到了很多前面主题所讲的知识，是各种知识的综合应用。
- 由于总的出现次数 total、打中次数 hits、分数 score、时钟 timer、计时器时间间隔 myInterVal 这些变量均需在多个函数内部使用，且其值允许在多个函数内部进行修改，因此需要在全局范围内进行定义。
- 由 this 的指向含义可知，init() 函数中的 this.total、this.hits、this.score 可以省略 this。

hitMouseV2.0

> **实战小贴士**
>
> 　　1. 对一个已经完成的项目进行升级和维护，要尤其小心。因为新添加的代码需要和已有代码融合，既要保证原有代码能够正常工作，又要保证新添加的代码能够在原有代码的基础上正常工作。
>
> 　　2. 合理的代码设计能够让软件升级和维护工作变得更加轻松。
>
> 　　3. 一定要在修改前对原有代码做好备份。

5.7 《打地鼠游戏 V3.0》需求与技术分析

《打地鼠游戏 V2.0》在功能及用户体验上有了一定的改进，基本具备了网页小游戏的常见功能，但仍存在进步空间。本着精益求精的态度，《打地鼠游戏 V3.0》将进一步对《打地鼠游戏 V2.0》的功能进行完善，并添加一些趣味性内容，从而进一步提升玩家的游戏体验。

5.7.1 《打地鼠游戏 V3.0》任务描述

《打地鼠游戏 V2.0》虽然能让玩家体验打地鼠的乐趣，但在游戏过程中仍存在用户体验欠佳的问题。例如，在玩家将鼠标移动到停止按钮的过程中，可能地鼠已经又出来了一次甚至多次，这对玩家而言是不公平的，游戏应该实现即时停止功能。此外，音视觉特效的缺乏也降低了游戏对玩家的吸引力。

基于上述内容，得出《打地鼠游戏 V3.0》的需求，即进一步增强游戏效果，主要从如下四个方面进行改进：

(1) 增强鼠标效果。

(2) 增强听觉效果。

(3) 增加快捷键。

(4) 增强统计效果。

除此之外，对《打地鼠游戏 V2.0》继续进行细节雕琢和潜在 bug 移除，使其变得更加健壮和完善。

5.7.2 《打地鼠游戏 V3.0》任务效果

《打地鼠游戏 V3.0》任务效果与《打地鼠游戏 V2.0》非常相似，不同的是，前者增加了击中地鼠时的音效、将鼠标指针改为锤子形状、增加了可视化统计功能。任务效果如图 5-24 所示。

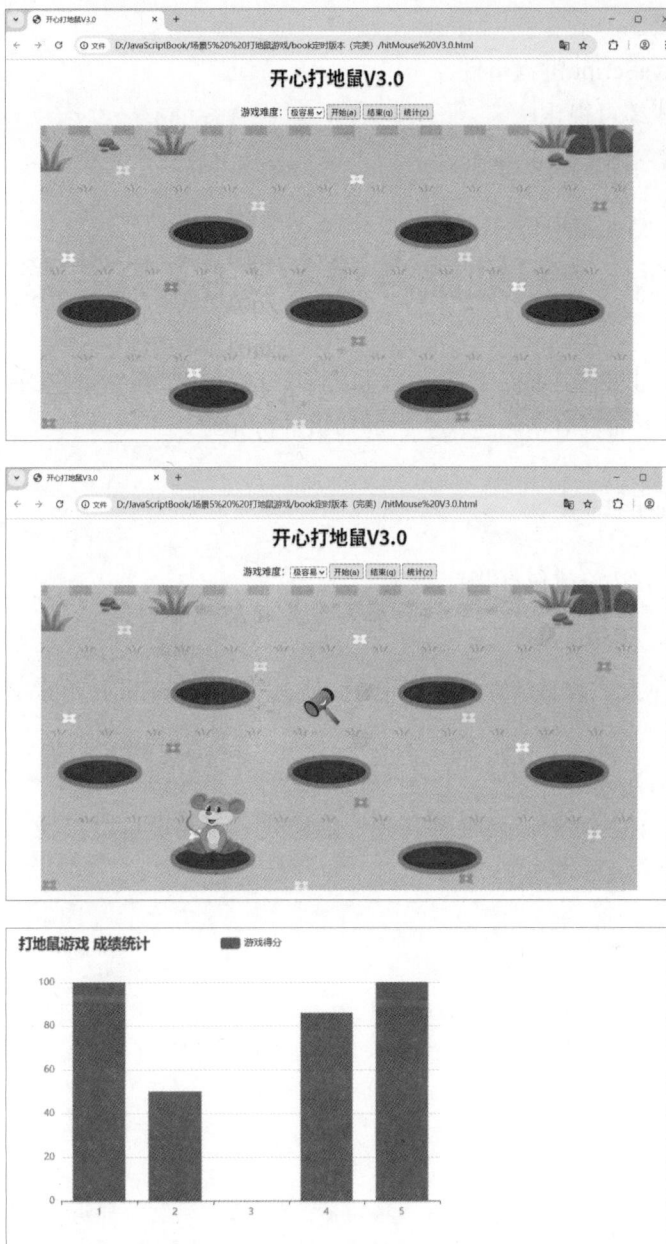

图 5-24　《打地鼠游戏 V3.0》任务效果

5.7.3　《打地鼠游戏 V3.0》技术分析

根据需求，可知这一版本的页面引入了四项任务。

(1) 改变鼠标形状。

对应知识：利用 CSS 样式表改变鼠标外观。

(2) 播放声音。

对应知识：使用 JavaScript 代码播放声音。

(3) 制作快捷键。

对应知识：JavaScript 键盘事件。

(4) 实现统计成绩可视化。

对应知识：第三方工具 eCharts。

5.8 《打地鼠游戏 V3.0》知识学习

打地鼠游戏经过多次迭代，逐渐朝着完美的方向靠拢。当然，它的每次蜕变，都离不开新知识的助力。下面就对本轮迭代引入的知识进行介绍。

5.8.1 修改鼠标指针外观

可以使用多种方法修改鼠标指针外观。

1. 采用样式表实现

可以通过多种方式修改鼠标指针样式，使其在用户与网页元素交互时显示不同的光标。

(1) 使用预定义光标。

可以在 CSS 中使用 cursor 属性定义光标的样式。该属性可以接受多种值，如 default、pointer、text、wait、help 等，示例如下：

```
/* 将鼠标样式设置为指向手 */
.pointer {
    cursor: pointer;
}
/* 将鼠标样式设置为文本选择 */
.text {
    cursor: text;
}
/* 将鼠标样式设置为等待 */
.wait {
    cursor: wait;
}
```

（2）使用自定义光标图片。

可以将鼠标的光标样式设置为一张自定义图片，语法如下：

```
cursor: url("imagePath") x y, auto;
```

其中：第一个参数中的 imagePath 为自定义光标图片的路径；x 和 y 分别代表自定义光标图片的热点 (hotspot) 相对于图片左上角的偏移量。x 为正值表示热点向右移动，为负值表示热点向左移动；y 为正值表示热点向下移动，为负值表示热点向上移动。第二个参数为备选光标样式。

例如，下列代码将光标样式设置为相对路径为 path/to/your 的图片 image.png：

```
.custom-cursor {
    cursor: url("path/to/your/image.png") , auto;
}
```

下列代码将光标样式设置为相对路径为 path/to/your 的图片 image.png，同时将光标中心点设置为图片中心点：

```
.custom-cursor {
  cursor: url('image.png') 50% 50%, auto;
}
```

下列代码将光标样式设置为相对路径为 path/to/your 的图片 image.png，同时将光标中心点设置为距离光标图片左上角顶点向下 5px，向右 5px 的位置：

```
.custom-cursor {
  cursor: url('image.png') 5 5, auto;
}
```

注意：通常建议使用较小尺寸的图片作为光标样式图片以避免性能问题，如 32x32 像素或 64x64 像素。

2. 使用 JavaScript 代码实现

如果希望在用户与网页交互时改变光标样式，可以使用 JavaScript 代码动态修改光标样式，示例如下：

```
// 获取元素并修改其光标样式
var element = document.getElementById('myElement');
element.style.cursor = 'pointer'; // 设置为指向手风格的光标
```

5.8.2 播放声音文件

在 JavaScript 中播放声音可以通过多种方式实现，常用的方法之一是使用 <audio> 元素。下面以使用 <audio> 元素为例进行展示。

首先，在 HTML 文件中添加一个 <audio> 元素，并指定想要播放的音频文件的路径。例如：

```
<audio id="myAudio" src="a.mp3" controls="controls" preload></audio>
```

然后，使用 JavaScript 代码来控制这个音频元素的播放。

● 播放音频：

```
document.getElementById("myAudio").play();
```

● 暂停音频：

```
document.getElementById("myAudio").pause();
```

● 停止音频：

```
function stopSound() {
    var audio = document.getElementById("myAudio");
```

```
        audio.pause();
        audio.currentTime = 0
    }
```

如果需要更简单的 API 或者想要支持旧版本的浏览器，可以考虑使用第三方库（如 Howler.js）。所有的第三方库都非常友好，开箱即用，上手容易，读者若感兴趣，可借助网络资源进行试用，这里不再赘述。

5.8.3　JavaScript 键盘事件

在 JavaScript 中，处理键盘事件通常涉及监听 keydown、keyup 和 keypress 事件。每种事件类型都有其特定的用途和特点。

1. keydown 事件

keydown 事件用于响应键盘按键被按下的操作，在键盘上的任意键被按下时触发。可以通过该事件捕获键盘上哪个按键被按下。示例代码如下：

```
document.addEventListener('keydown', function(event) {
    console.log('Key pressed:', event.key);
});
```

当键盘上的 a 键被按下时，event.key 将返回 a；当键盘上的 A 键被按下时，event.key 将返回 A；当键盘上的 F12 键被按下时，event.key 将返回 F12。

2. keyup 事件

keyup 事件用于响应键盘按键的释放操作。在用户释放键盘上的任意键时触发，可以用来检测按键的释放。示例代码如下：

```
document.addEventListener('keyup', function(event) {
    console.log('Key released:', event.key);
});
```

3. keypress 事件

在用户按下键盘上的任意键并产生字符值时触发 keypress 事件。该事件主要用于处理那些可以生成字符的键（如字母、数字和某些符号）。箭头键和功能键之类的非字符生成键，不会触发此事件。示例代码如下：

```
document.addEventListener('keypress', function(event) {
    console.log('Character pressed:', event.key);
});
```

说明：在上述三种键盘事件中，事件处理函数的参数 event 均可以带来按键信息。其中，event.key 提供了按键的名称，可以据此判断用户到底按下了哪个按键。例如，当 a 键被按下时，event.key 返回值为 a；当 b 键被按下时，event.key 返回值为 b，以此类推。event.keyCode 可以返回按键的键码。例如，当 Enter 键被按下时，event.keyCode==13。因为数字不如按键名容易辨识，所以不推荐使用。

当一次按键行为同时触发了三个键盘事件时，例如按下 a 键并释放，则三个事件的触发顺序为 keydown → keypress → keyup。

【例 5-11】移动红方块，要求一个宽度为 50px*50px 的红方块在一个宽度为 500px*500px 的绿方框内移动。具体移动方式如下：

- 每按一下上箭头，向上移动 10px。
- 每按一下下箭头，向下移动 10px。
- 每按一下左箭头，向左移动 10px。
- 每按一下右箭头，向右移动 10px。

本例可以使用 CSS 样式控制红方块在绿方框内移动。将绿方框的 position 样式设置为 relative，红方块的 position 样式设置为 absolute。然后通过 left 和 top 值控制红方块在绿方框中的位置，与控制地鼠在游戏背景内移动的思路相同。捕获键盘按键，根据不同的箭头按键执行相应的操作。具体代码如图 5-25 所示，执行效果如图 5-26 所示。

```
1   <!DOCTYPE html>
2   <html lang="en">
3
4   <head>
5       <meta charset="UTF-8">
6       <meta name="viewport" content="width=device-width, initial-scale=1.0">
7       <title>Document</title>
8       <style>
9           #container{
10              width: 500px;
11              height: 500px;
12              border: 1px solid ■#000;
13              position: relative;
14              border: solid 1px ■green;
15              margin: 0 auto;
16          }
17          #content{
18              width: 50px;
19              height: 50px;
20              background-color: ■red;
21              position: absolute;
22              top: 0;
23              left: 0
24          }
25      </style>
26  </head>
27
28  <body>
29      <div id="container">
30          <div id="content"></div>
31      </div>
32      <script>
33          var aLeft=0;
34          var aTop=0;
35          document.addEventListener('keydown', function (e) {
36              switch (e.key) {
37                  case 'ArrowDown':
38                      console.log("下箭头被按下");
39                      if(aTop<500-50){
40                          aTop+=10;
41                      }else{
42                          aTop=500-50;
43                      }
44                      document.getElementById("content").style.top=aTop+"px";
45                      break;
46                  case 'ArrowUp':
47                      console.log("上箭头被按下");
48                      if(aTop>50){
49                          aTop-=10;
50                      }else{
```

例 5-11

图 5-25　移动红方块代码

```
51                      aTop=0;
52                  }
53          document.getElementById("content").style.top=aTop+"px";
54          break;
55      case 'ArrowLeft':
56          console.log("左箭头被按下");
57          if(aLeft>50){
58              aLeft-=10;
59          }else{
60              aLeft=0;
61          }
62          document.getElementById("content").style.left=aLeft+"px";
63          break;
64      case 'ArrowRight':
65          console.log("右箭头被按下")
66          if(aLeft<500-50){
67              aLeft+=10;
68          }else{
69              aLeft=500-50;
70          }
71          document.getElementById("content").style.left=aLeft+"px";
72          break;
73      }
74          })
75      </script>
76  </body>
77
78  </html>
```

图 5-25　移动红方块代码（续）

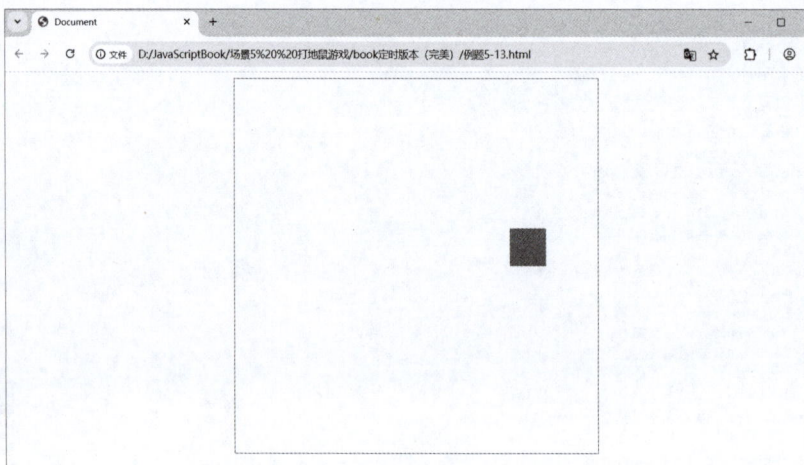

图 5-26　移动红方块执行效果

除了捕获箭头，我们还可以捕获 Ctrl、Shift、Alt 按键。假设按键事件的参数为 e，那么：

- 当 Ctrl 键被按下时，e.ctrl 返回值为真。
- 当 Shift 键被按下时，e.shift 返回值为真。
- 当 Alt 键被按下时，e.alt 返回值为真。

实战小贴士

键盘和鼠标是最常使用的两大输入方式。为了防止任何一个输入方式出现问题，建议为每一个功能按钮或菜单提供快捷键和鼠标单击两种触发方式。

200

5.8.4　第三方工具 ECharts

Apache ECharts 是一个基于 JavaScript 的开源可视化图表库。它是一款功能强大的数据可视化产品，能够提供直观、生动、可交互、可个性化定制的数据可视化图表。ECharts 最初由百度团队开源，并于 2018 年初捐赠给 Apache 基金会，成为 ASF 孵化级项目。

ECharts 提供了常规的折线图、柱状图、散点图、饼图、K 线图，用于统计的盒形图，用于地理数据可视化的地图、热力图、线图，用于关系数据可视化的关系图、treemap、旭日图，用于多维数据可视化的平行坐标，还有用于 BI 的漏斗图、仪表盘，并且支持图与图之间的混搭。

下面介绍 ECharts 的基本使用方法，主要分为如下几步。

1. 获取 Apache ECharts

Apache ECharts 支持多种下载方式，可以使用 npm 下载，也可以直接从互联网下载，这里以从互联网下载为例。访问 https://www.jsdelivr.com/package/npm/echarts，选择 dist/echarts.js，点击并保存为 echarts.js 文件。

2. 引入 Apache ECharts

在保存 echarts.js 的目录下新建一个 index.html 文件，内容如下：

```
<!DOCTYPE html>
<html>
  <head>
    <meta charset="utf-8" />
 <!-- 引入刚刚下载的 ECharts 文件 -->
    <script src="echarts.js"></script>
  </head>
</html>
```

3. 绘制一个简单的图表

在绘图前我们需要为 ECharts 准备一个定义了宽和高的 DOM 容器。在上述例子 </head> 之后，添加如下代码：

```
<body>
  <!-- 为 ECharts 准备一个定义了宽和高的 DOM -->
  <div id="main" style="width: 600px;height:400px;"></div>
</body>
```

然后，通过 echarts.init 方法初始化一个 echarts 实例，并通过 setOption 方法生成一个简单的柱状图。下面是完整代码。

```
<!DOCTYPE html>
<html>
  <head>
    <meta charset="utf-8" />
    <title>ECharts</title>
    <!-- 引入刚刚下载的 ECharts 文件 -->
    <script src="echarts.js"></script>
```

```
  </head>
  <body>
    <!-- 为 ECharts 准备一个定义了宽和高的 DOM -->
    <div id="main" style="width: 600px;height:400px;"></div>
    <script type="text/javascript">
      // 基于准备好的 dom, 初始化 echarts 实例
      var myChart = echarts.init(document.getElementById('main'));

      // 指定图表的配置项和数据
      var option = {
        title: {
          text: 'ECharts 入门示例 '
        },
        tooltip: {},
        legend: {
          data: [' 销量 ']
        },
        xAxis: {
          data: [' 衬衫 ', ' 羊毛衫 ', ' 雪纺衫 ', ' 裤子 ', ' 高跟鞋 ', ' 袜子 ']
        },
        yAxis: {},
        series: [
          {
            name: ' 销量 ',
            type: 'bar',
            data: [5, 20, 36, 10, 10, 20]
          }
        ]
      };
      // 使用刚刚指定的配置项和数据显示图表
      myChart.setOption(option);
    </script>
  </body>
</html>
```

上述代码执行效果如图 5-27 所示。

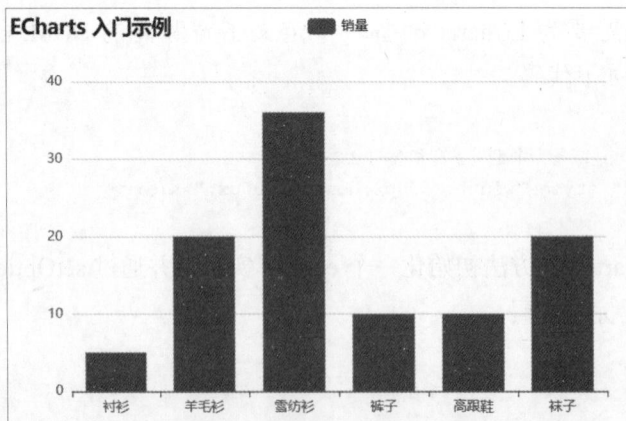

图 5-27　使用 ECharts 绘制柱状图

如果将 type: 'bar' 修改为 type: 'line'，则执行效果如图 5-28 所示。

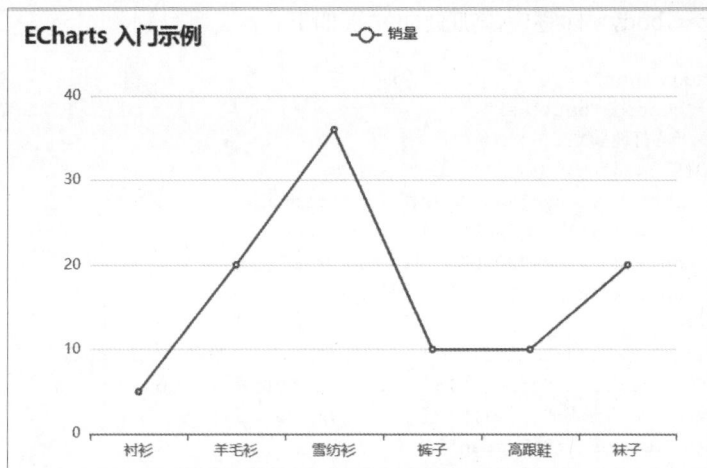

图 5-28 使用 ECharts 绘制折线图

总之，只要准备好横纵坐标数据和描述性文字，并设置好图表类型，ECharts 就可以基于这些数据生成可视化图表。

ECharts 只是众多 JavaScript 第三方工具中的一个，但一叶知秋，它的使用流程也是众多第三方工具使用流程的缩影，只是不同的第三方工具提供的功能有所不同而已。理工类知识的学习重在举一反三，很多时候，拥有了一棵树就等于拥有了整片森林。

5.9 《打地鼠游戏 V3.0》编程实现

下面分步骤实现《打地鼠游戏 V3.0》。

(1) 资源准备。

创建打地鼠文件夹，在该文件夹下创建 images 文件夹，在 images 文件夹下放入一张游戏背景图片，一张活地鼠图片，一张死地鼠图片，一个锤子图片，一个代表地鼠被打中时发出的叫声的 mp3 文件。所有资源既可从本书专用资源网址下载，也可自行制作。

(2) 创建 hitMouseV3.0.html，并迅速生成如下代码框架：

```
<!DOCTYPE html>
<html lang="en">
<head>
    <meta charset="UTF-8">
    <meta name="viewport" content="width=device-width, initial-scale=1.0">
    <title>Document</title>
</head>
<body>
</body>
</html>
```

(3) 修改页面标题：

```
<title> 开心打地鼠 V3.0</title>
```

(4) 在 \<body\>\</body\> 标签中添加页面元素如下：

```html
<div id="container">
    <div id="controlContainer">
        <h1>开心打地鼠 V3.0</h1>
        游戏难度:<select name="" id="level">
            <option value="4000">极容易</option>
            <option value="3000">容易</option>
            <option value="2000">一般</option>
            <option value="1000">困难</option>
        </select>
        <button onclick="start()"id = "startBtn">开始 (a)</button>
        <button onclick="stop()"id = "stopBtn">结束 (q)</button>
        <button onclick="show()">统计 (z)</button>
        <span id="result"></span>
    </div>
    <div id="mousecontainer">
        <img src="./images/mouseLive.png" alt="" id="mouse" onclick="hit()">
        <audio src="zhi.mp3" controls="controls" preload id="music" hidden></audio>
    </div>
    <div id="main"></div>
</div>
```

(5) 在 \<head\>\</head\> 标签中引入 echarts.js 并添加样式如下：

```html
<script src="echarts.js"></script>
 <style>
     #mousecontainer {
         position: relative;
         width: 1000px;
         height: 500px;
         background-image: url(images/bg.jpg);
         cursor: url(./images/hamer.ico)22 51, auto;
      }
     #container {
         margin: 0 auto;
         width: 1000px;
         height: auto;
     }
     #controlContainer {
         margin: 10px;
         text-align: center;
     }
     img {
         position: absolute;
         width: 100px;
         height: 100px;
         left: 246px;
         top: 72px;
         user-select: none;
         -webkit-user-select: none;   /* Safari */
         -moz-user-select: none;      /* Firefox */
         -ms-user-select: none;       /* IE 10 and IE 11 */
     }
```

```
#main {
    width: 600px;
    height: 400px;
    margin-top: 10px;
}
</style>
```

(6) 在 </div> 标签下面添加 JavaScript 代码如下：

```
<script>
    var total = 0;                    // 总的出现次数
    var hits = 0;                     // 打中次数
    var score = 0;                    // 分数
    var flag = false;                 // 标识是否已经点击了开始按钮
    var myInterVal;                   // 计时器时间间隔
    var scoreArr = [];
    window.onload = function () {    // 设置快捷键
        document.addEventListener('keydown', function (e) {
            if (e.key == 'a') {
                start()
            } else if (e.key == 'q') {
                stop()
            } else if (e.key == 'z') {
                show();
            }
        })
    }

    // 该构造函数为了修改地鼠位置而设置
    function Point(aLeft, aTop) {
        this.aleft = aLeft;
        this.atop = aTop;
    }

    var hole1 = new Point("246px", "72px");
    var hole2 = new Point("617px", "72px");
    var hole3 = new Point("52px", "200px");
    var hole4 = new Point("439px", "200px");
    var hole5 = new Point("831px", "200px");
    var hole6 = new Point("241px", "340px");
    var hole7 = new Point("627px", "340px");

    var positionArr = [hole1, hole2, hole3, hole4, hole5, hole6, hole7];

    // 生成从 minNum 到 maxNum 的随机数
    function randomNum(minNum, maxNum) {
        return Math.floor(Math.random() * (maxNum - minNum + 1)) + minNum;
    }
    // 启动游戏
    function start() {
        flag = true;                                        // 设置标志
        document.getElementById("result").innerHTML="";    // 清空分数
        // 首次立即执行，防止用户空等
```

205

```javascript
            setTimeout(changePosition, 0);
            // 设置时间间隔，实际上就是设置游戏难度
            myInterVal = Number(document.getElementById("level").value);
            timer = setInterval(changePosition, myInterVal);
        // 每隔 myInterVal 秒，调用 changePosition 函数让地鼠在随机位置出现一次
        document.getElementById("startBtn").disabled = true;
        document.getElementById("level").disabled = true;
    }
    // 地鼠随机出现
    function changePosition() {
        var str = document.getElementById("mouse").src;
        if (str.indexOf("Dead") > 0) {
            document.getElementById("mouse").src = "images/mouseLive.png";
        }
        var newIndex = randomNum(0, 6);
        document.getElementById("mouse").style.left = positionArr[newIndex].aleft;
        document.getElementById("mouse").style.top = positionArr[newIndex].atop;
        if(document.getElementById("mouse").style.display != "inline"){
        // 如果地鼠不可见，将其设置为可见（首次出现做这件事情）
         document.getElementById("mouse").style.display = "inline";
        }
        total += 1;                                          // 地鼠出现次数 +1
    }
    // 地鼠被单击
    function hit() {
        var str = document.getElementById("mouse").src;
        if (str.indexOf("Live") > 0) {                       // 说明当前是活地鼠
            hits += 1;
            playSound();
            document.getElementById("mouse").src = "./images/mouseDead.png";
        }
    }
    function stop() {
        if (flag) {
            // 停掉时钟
            clearInterval(timer);
            // 计算成绩
            score = Math.round(hits * 1.0 / total * 100);
            // 显示成绩
            document.getElementById("result").innerHTML = " 成绩为 :<font color='green'>"
+ score + " 分 ";
            scoreArr.push(score);                            // 将成绩存入数组
            // 清除本轮游戏中间数据
            init();
        }
    }
    function init() {
        document.getElementById("mouse").style.display = "none"; // 隐藏地鼠图片
        total = 0;                                               // 总的出现次数
        hits = 0;                                                // 打中次数
        score = 0;                                               // 分数
        flag = false;                                            // 复原标志
        document.getElementById("startBtn").disabled = false;    // 开始游戏按钮可用
```

```
            document.getElementById("level").disabled = false;        // 等级按钮可用
        }
        function playSound() {
            document.getElementById("music").play();                  // 播放声音
        }
        function show() {
            // 整个页面滚动到统计区
            document.getElementById("main").scrollIntoView();
            var xArr = [];
            for (var i = 1; i < scoreArr.length + 1; i++) {
                xArr.push(i.toString());
            }
            // 基于准备好的dom，初始化echarts实例
             var myChart = echarts.init(document.getElementById('main'));
            // 指定图表的配置项和数据
            var option = {
                title: {
                    text: ' 打地鼠游戏 成绩统计 '
                },
                tooltip: {},
                legend: {
                    data: [' 游戏得分 ']
                },
                xAxis: {
                    data: xArr            // 玩了几次，就是一到几个，实际上是1~ 数组长度
                },
                yAxis: {},
                series: [
                    {
                        name: ' 游戏得分 ',
                        type: 'bar',
                        data: scoreArr
                    }
                ]
            };
            // 使用刚刚指定的配置项和数据生成图表
            myChart.setOption(option);
        }
        init();
</script>
```

hitMouseV3.0

至此，打地鼠游戏 V3.0 实现完毕。不知不觉间，程序已达两百余行！

代码说明：游戏结束后，ECharts 需要对每次得分进行统计，以便生成图表，因此，需要通过语句 scoreArr.push(score); 进行数据积累工作。为了防止用户不先单击"开始"按钮而直接单击"停止"按钮，进而产生 NaN 成绩，代码启用了 flag 标志进行约束。

喜欢思考的读者们，想一想，你们还能在《打地鼠游戏 V3.0》的基础上继续完善吗？比如，将击中地鼠的效果从图片切换为动画，或者为游戏添加欢快的背景音乐？相信那一定会是一个个性十足的软件作品！

> **实战小贴士**
>
> 　　它山之石，可以攻玉。可以借助第三方工具来提升编程效率。充分利用资源，也是一种能力。
>
> 　　当今时代是一个可以轻松获取丰富学习资源的数字时代，你若想强，无人能挡！

　　路虽远，行则将至；事虽难，做则必成。坚持通读本书并按照本书指引完成场景多版迭代的你，勤于思考、认真完成课后习题的你，早已脱胎换骨，今非昔比！从寥寥几行代码到数百行代码，从简单应用片段开发到完整独立应用开发，整个学习过程见证着你从内到外的全方位成长。感谢每一位在茫茫书海中选择本书的读者，让我有机会助力你们的成长！愿我们都能在实践中践行精益求精的工匠精神，最终成为更加优秀的自己！

课后习题

一、单项选择题

1. 在 JavaScript 中，当一个函数作为对象的方法被调用时，this 指向什么？（　　）

A. 全局对象 (window)　　　　　　　　B. 该函数本身

C. 调用该方法的对象　　　　　　　　D. 新创建的对象

2. 在事件处理函数中，event.target 表示什么？（　　）

A. 绑定事件处理程序的元素　　　　　　B. 触发事件的元素

C. 事件的类型　　　　　　　　　　　D. 事件冒泡路径上的父元素

3. 如何检测用户是否按下了 Enter 键？（　　）

```
document.addEventListener('keydown', function(event) {
    // 检测 Enter 键的代码是?
});
```

A. if (event.key === 'Enter')　　　　　　B. if (event.code === 13)

C. if (event.keyCode === 'Enter')　　　　D. if (event.which === 'Enter')

4. 在 JavaScript 中，当一个函数在全局作用域内被通过 function 关键字进行定义时，其内部语句中的 this 指向什么？（　　）

A. 指向全局对象 (window)　　　　　　B. 指向该函数本身

C. 指向调用该方法的对象　　　　　　D. 指向新创建的对象

二、问答题

1. this 的含义有哪些？

2. 如何利用键盘事件制作快捷键？

3. 什么是第三方工具？请借助互联网，列举至少三种 JavaScript 第三方工具。

三、编程实践题

1. 结合本主题内容，制作一款自己的音乐播放器。

2. 结合本主题内容，使用 setInterval() 函数自行设计一款秒表。(提示：可采用迭代渐进思路，逐步完善。例如：V1.0 自动秒表；V2.0 可控秒表；V3.0 精致的可控秒表。)

3. 结合本主题内容，使用 setTimeout() 函数自行设计一款秒表。(提示：可采用迭代渐进思路，逐步完善。例如：V1.0 自动秒表；V2.0 可控秒表；V3.0 精致的可控秒表。)

4. 结合本主题内容，使用 setInterval() 函数自行设计一款红绿灯。(提示：可采用迭代渐进思路，逐步完善。例如：V1.0 自动红绿灯；V2.0 可控红绿灯；V3.0 精致的可控红绿灯。)

5. 结合本主题内容，使用 setTimeout() 函数自行设计一款红绿灯。(提示：可采用迭代渐进思路，逐步完善。例如：V1.0 自动红绿灯；V2.0 可控红绿灯；V3.0 精致的可控红绿灯。)

6. 结合本主题内容，使用 setInterval() 函数，实现按钮倒计时效果，要求按钮数字在 90 秒后清零，且状态变为可用。

7. 结合本主题内容，使用 setTimeout() 函数，实现按钮倒计时效果，要求按钮数字在 90 秒后清零，且状态变为可用。

8. 结合本主题内容，使用 setInterval() 函数，实现促销倒计时效果。(提示：可采用迭代渐进思路，逐步完善。例如：V1.0 促销开始倒计时；V2.0 促销结束倒计时；V3.0 兼容促销开始倒计时和促销结束倒计时。)

9. 请利用本主题所学知识，制作一款动画，效果不限。例如：一张图片每隔一段时间位置发生定量改变、高度发生定量改变等。

附录

ECMAScript 2015(ES6) 核心特性

ES6(ECMAScript 2015) 是 JavaScript 语言的重大更新，它引入了一些更加现代的语法和功能。本书正文部分以 ES5 为基础，目的是让读者学会使用原生 JavaScript 进行前端应用开发，并且学会编程。掌握 ES5 之后，再学习 ES6 非常容易。ES6 的出现使得前端开发人员如虎添翼，大大提升了开发效率。

ES6 的核心特性

1. 变量声明

ES6 引入了 let 和 const 关键字，其中，let 用于声明变量，const 用于声明常量。例如：

```
let name = "Alice";        // 可重新赋值
const PI = 3.14;           // 不可重新赋值
```

let 和 const 均具有块级作用域，且无变量提升。在需要块级作用域的场景 (如循环、条件判断) 中使用 let，可以避免变量污染，以及由于变量提升可能带来的意外行为，变量的作用域也更加清晰。

2. 箭头函数

ES6 中引入了箭头函数。例如：使用 ES5 语法声明一个名为 add 的加法函数，代码为

```
var add = function(a, b) { return a + b; };
```

使用 ES6 语法声明一个同样功能的函数，代码为

```
const add = (a, b) => a + b;
```

可以看到，箭头函数的语法更加简洁，回调函数通常采用这种写法，例如：计时器回调函数。

3. 模板字符串

ES6 中引入了模板字符串的概念，从而使得带有变量的字符串拼接操作更加方便。示例如下：

```
const name = "Bob";
console.log(`Hello, ${name}!`);     // hello, Bob! (注意：模板字符串使用的是反单引号)
```

4. 解构赋值

ES6 中引入了解构的概念，大大简化了对象和数组成员的提取流程。示例如下：

```
const { age, city } = { name: "Tom", age: 20, city: "New York" };      // 对象解构
console.log(age, city);          // 20 'New York'
const [first, second] = [10, 20];      // 数组解构
console.log(first, second);          // 10 20
```

5. 函数参数默认值

在 ES6 中，函数的参数可以带有默认值，示例如下：

```
function greet(name = "Guest") {
    return 'Hello, ${name}';
}
console.log(greet()) ;     //Hello, Guest
```

6. 展开运算符 (...)

ES6 中引入了展开运算符 ...，示例如下：

```
const arr1 = [1, 2];
const arr2 = [...arr1, 3];          // [1, 2, 3]
const obj = { a: 1 };
const newObj = { ...obj, b: 2 };  // { a:1, b:2 }
```

7. 对象字面量增强

当属性名和属性值相同时，可以简写。例如：

```
const x = 10;
function sayHi(){
    console.log("hi");
}
const obj = {
    x,
    sayHi
};
console.log(obj);                  //{ x: 10, sayHi: [Function: sayHi] }
console.log(obj.sayHi());          //hi
```

8. Promise

ES6 中引入了 Promise，通过链式调用方式来进行数据获取或异常处理，可以减少代码嵌套层数，这对于解决异步操作中的回调地狱问题很有帮助。示例如下：

```
const fetchData = new Promise((resolve, reject) => {
    setTimeout(() => resolve("Data received"), 1000);
});
fetchData.then(data => console.log(data));
```

模块化 (Module)

ES6 中引入了模块化的概念，通过 export 导出模块或模块成员，通过 import 引入模块或模块成员，示例如下：

```
// math.js 模块
export const add = (a, b) => a + b;
// app.js 中引入 math.js 模块
import { add } from "./math.js";
```

注意：如果使用纯 html 页面进行测试，需要通过 <script type="module"> 进行模块加载。为了避免出现跨域错误，需要使用 Live Server 或部署到服务器上进行结果查看。例如：

```
<script type="module">
        // 导入模块中的函数并通过解构放入 add 变量
        import { add } from "./math.js";
        // 使用导入的函数
        console.log(`Addition: ${add(5, 3)}`);      //8
</script>
```

ES6 增加的字符串处理函数

1. 子字符串检测方法

ES6 新增了三个更加直观的方法，用以更加方便地实现子字符串检测：

(1) includes(str, index)

判断字符串是否包含子串，返回布尔值，例如：

```
"hello".includes("el")          // true
```

(2) startsWith(str, index)

判断字符串是否以子串开头，例如：

```
"hello".startsWith("he")        // true
```

(3) endsWith(str, length)

判断字符串是否以子串结尾，可指定匹配长度，例如：

```
"hello".endsWith("lo", 5)          // true（匹配前 5 个字符）
```

2. 字符串重复与补全

(1) repeat(n)
生成重复字符串，参数为重复次数，例如：

```
"x".repeat(3);                     // "xxx"
```

(2) padStart(length, fillStr) / padEnd(length, fillStr)
在头部或尾部补全字符串至指定长度，例如：

```
"12".padStart(5, "0");             // "00012"（数值补全）
"x".padEnd(4, "ab");               // "xaba"
```

3. 去除空白字符

trimStart( ) / trimEnd( ) 分别去除字符串头部或尾部空白，例如：

```
"  abc  ".trimStart( );            // "abc"
"  abc  ".trimEnd( );              // "abc"
"  abc  ".trim( );                 // "abc"
```

4. 原始字符串处理

String.raw 保留转义字符原样输出，常用于正则表达式或多行路径。例如：

```
console.log(String.raw"Multiline\nstring" );    //"Multiline\\nstring"
console.log("Multiline\nstring" );              //Multiline
                                                //string
```

如果读者想进一步了解 ES6 及更高版本的 JavaScript 相关知识，可以参考 MDN Web Docs 和 ECMAScript 规范。掌握基础知识后，结合科学的学习方法（如对比法、类比法、费曼学习法等），拓展学习的过程必将更加顺畅高效。

软件行业日新月异、发展迅猛，从业人员尤其需要践行"活到老，学到老"的理念。积极的心态、扎实的基础、科学的方法、谦虚的态度、刻意练习的习惯和追求卓越的精神，这些优秀的学习特质能为软件开发者的成长持续赋能，显著提升学习效率和质量。

最后，愿每位读者都能以 JavaScript 为起点，驾乘理想之舟，在技术的海洋中乘风破浪，扬帆远航！